堤坝白蚁防治技术应用

何芳婵　史新伟　吕正勋　编著

黄河水利出版社
·郑州·

图书在版编目(CIP)数据

堤坝白蚁防治技术应用/何芳婵，史新伟，吕正勋编著. —郑州：黄河水利出版社，2019. 7
ISBN 978-7-5509-2354-6

Ⅰ. ①堤… Ⅱ. ①何…②史…③吕… Ⅲ. ①堤坝-白蚁防治 Ⅳ. ①TV698.2

中国版本图书馆 CIP 数据核字(2019)第 085800 号

组稿编辑：陶金志　电话：0371-66025273　E-mail：838739632@qq.com

出 版 社：黄河水利出版社　网址：www.yrcp.com
地址：河南省郑州市顺河路黄委会综合楼 14 层　邮政编码：450003
发行单位：黄河水利出版社
发行部电话：0371-66026940、66020550、66028024、66022620(传真)
E-mail：hhslcbs@126.com
承印单位：河南新华印刷集团有限公司
开本：787 mm×1 092 mm　1/16
印张：7.5
字数：130 千字　印数：1—1 000
版次：2019 年 7 月第 1 版　印次：2019 年 7 月第 1 次印刷

定价：49.00 元

《堤坝白蚁防治技术应用》
编委会

主　审　冯林松　雷存伟

编　著　何芳婵　史新伟　吕正勋

参　编　李世伟　高贝贝　俞　顺

朱关震　刘小飞　郭延峰

高顺峰　陈洪峰　赵万峰

翟　宇　赵梦霞　罗晓丹

前　言

白蚁是地球上最为古老的、分布最为广泛的一种社会性昆虫,至今已有2亿~3亿年的历史。白蚁种类繁多,活动较为隐蔽,给人类的生产和生活带来了很多不利影响,并且常常被人们忽视,是一类很难防治的害虫,被国际昆虫生理生态研究中心列为世界五大害虫之一。

白蚁的活动可能引起水库渗水、散浸、管涌和跌窝,情况严重时可能导致溃坝决堤。因此,古人云:“蚁之为害,隐患难察”“千里之堤,溃于蚁穴”。白蚁对堤坝的破坏形式主要是在堤坝内筑巢,往往一个主巢周围可能分布几十个甚至上百个副巢,主巢和副巢之间通过四通八达的蚁道进行连接。有的蚁道甚至贯穿整个堤坝,水位上升时就会形成渗漏通道,导致堤坝出现险情。

本书共包括7章,内容涉及白蚁的基础知识、对堤坝的危害以及常用的堤坝白蚁灭治方法,重点介绍了基于探地雷达法和高密度电阻率法的堤坝白蚁巢穴无损探测技术、河南省水库大坝白蚁危害情况以及防治案例。

本书内容丰富,通过图片和文字的形式详细介绍了堤坝白蚁的危害及治理过程,内容兼顾了基础知识和工程实例。一部分是作者长期从事堤坝白蚁研究和实际工作的经验总结,同时也介绍了同行的研究成果。希望能对从事水利工程建设的管理人员和堤坝白蚁防治技术人员有所帮助,对堤坝白蚁防治技术的推广应用和提高起到一定的推动作用。

鉴于作者的水平有限,书中难免存在一些不足之处,敬请各位读者批评指正并提出宝贵意见。

作　者

2019年2月

目　录

第1章 白蚁的基础知识

白蚁是一类比较原始的社会性昆虫，全世界白蚁种类接近3 000种，分布于全球大部分地区，尤其是热带、亚热带地区。据程冬保等（2014）对中国白蚁种类调查研究，我国已知白蚁种类近480种，除黑龙江、吉林、内蒙古、宁夏、新疆外，其他各省（区、市）均有白蚁分布。白蚁危害面积接近全国总面积的40%，特别是长江以南各省（区、市）的白蚁危害情况尤为严重。白蚁活动较为隐蔽，常常被人忽略，是一类较难防治的害虫，会对人类的生产和生活带来不利的影响，严重时甚至造成重大的生命和财产损失。国际昆虫生理生态研究中心认为，白蚁与须舌蝇、蜱、蚊子、黏虫并称为世界五大害虫。

在昆虫纲中，白蚁属等翅目，是比较低等的社会性昆虫。白蚁保持较原始的性状：口器为典型的咀嚼式；胸部3节相似，并合不紧密；有翅成虫前、后翅的大小、形状、脉相几乎相等，在飞翔时功能相似；白蚁适于温暖潮湿的环境栖息。白蚁属多型性昆虫，不同种类和同种类的不同品级个体间的外部形态差异甚大。

白蚁进行有性的两性生殖繁衍后代。白蚁自卵孵化后，由若虫发育至成虫，在若虫阶段须进行品级分化，一部分发育为具有生殖能力的有翅成虫，另一部分发育为没有生殖能力的无翅的工蚁和兵蚁（见图1-1）。有翅成虫羽化后，在适宜的气象条件下，离巢分飞，然后落地、脱翅、配对，最终安居下来，进行交配、产卵，繁殖后代。能够产生补充蚁王、蚁后的白蚁种类所产生的补充型也有雌雄之分，称补充蚁王、蚁后，与原始的蚁王、蚁后一样，进行两性生殖。至今，未见报道能进行无性生殖的白蚁种类。

1.1 白蚁的分类

1.1.1 按生物学分类

目前，对于等翅目的分科，世界各国的白蚁分类学家仍有不一致的看法，本书采用多数白蚁分类学家比较认同的观点，将等翅目设为七个科：

（1）澳白蚁科 Mastotermitidae Silvestri 1909；

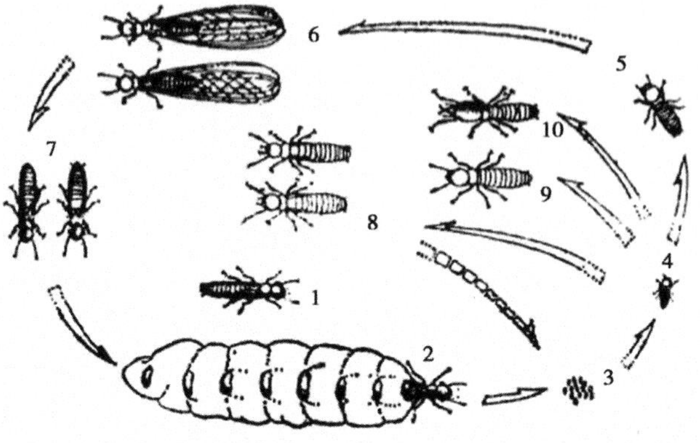

1—蚁王;2—蚁后;3—卵;4—幼蚁;5—若蚁;6—长翅繁殖蚁;
7—脱翅繁殖蚁;8—补充繁殖蚁;9—工蚁;10—兵蚁

图 1-1　白蚁的生活史图解(仿李桂祥等)

(2)草白蚁科 Hodotermitidae Snyder 1925;

(3)木白蚁科 Kalotermitidae Enderlein 1909;

(4)原白蚁科 Termopsidae Grass 1949;

(5)齿白蚁科 Seritermitidae Emerson 1965;

(6)鼻白蚁科 Rhinotermitidae Light 1921;

(7)白蚁科 Termitidae Westwood 1840。

我国的白蚁分属于原白蚁科、木白蚁科、鼻白蚁科和白蚁科,将近 480 种。

原白蚁科仅有山林原白蚁一种,分布于我国浙江、江西、湖南、福建、广东、广西、海南、四川、云南、贵州等地。

木白蚁科缺工蚁品级,在我国有 5 属 64 种,分布于我国台湾、浙江、江西、湖南、福建、广东、广西、海南、四川、云南、贵州等地。

鼻白蚁科种类多、分布广,在我国,鼻白蚁科分杆白蚁亚科、异白蚁亚科、乳白蚁亚科和鼻白蚁亚科。如白蚁亚科的台湾乳白蚁,不仅在我国分布广,而且是危害建筑物、埋地电缆、农林作物的主要蚁种。

白蚁科是等翅目中最大的科,约占全部白蚁种类的 3/4,也是在我国分布最广的科。白蚁科分为 4 个亚科,包括弓钩白蚁亚科、白蚁亚科、大白蚁亚科和象白蚁亚科。对堤坝工程危害最大的黑翅土白蚁就属于白蚁科。

1.1.2　按栖息环境分类

白蚁是一种组织性强、高度分工的昆虫,它的生活始终离不开周围的自然环境，白蚁为了适应生存环境，有一定的生活规律。

白蚁的栖息习性具有两个显著特点：群栖性和巢居性。群栖性，是社会性昆虫的共同特性，在群体内各个品级司特定的职能，个体间形成相互依存、不能独立生存的特殊关系。巢居性，以巢为家，有蚁必有巢，有的种类巢体结构非常简单，有的种类巢体结构十分复杂。依据白蚁营巢的环境条件和筑巢的物质材料不同可分成三类。

（1）木栖性白蚁。

木栖性白蚁食居在木中，包括木白蚁科的所有种类和草白蚁科的原白蚁亚科。除有翅成虫离巢分飞短时间离开外，其生活的全过程离不开木材或树木。木栖性白蚁对于木材的含水量有严格要求，如截头堆砂白蚁 Cryptotermes domesticus 和铲头堆砂白蚁 Cryptotermes declivis 嗜好蛀食干硬的木材，木材只有少量含水量就足以维持其生命活动，这类白蚁称为干木白蚁，堆砂白蚁属 Cryptotermes 和楹白蚁属 Incisitermes 属此类。草白蚁科的山林原白蚁 Hodotermopsis sjostedti、木白蚁科的新白蚁属 Neotermes 和树白蚁属 Glyptotermes 的绝大多数种类却栖息于含水量较高的潮湿木材或活树木中，称为湿木白蚁。

（2）土木栖性白蚁。

土木栖性白蚁的巢可筑在地下的土壤中、树木的地下部分或树干中或建筑物中，甚至在高层的楼房中。其营巢的基本条件是有土壤、木材或木质纤维构成的物体可作巢体的基质和掩体。在我国，这类白蚁的典型代表是台湾乳白蚁 Coptotermesfi formosanus 和散白蚁属 Reticulitermes 的黑胸散白蚁 R. chinensis、黄胸散白蚁 R. flaviceps 等。在泥木、砖木结构的房屋中，台湾乳白蚁筑巢于木构件与墙的交接处甚为常见。

散白蚁属也属土木栖性种类。我国最常见的黑胸散白蚁、黄胸散白蚁和栖北散白蚁等种类也常筑巢在土中，通常入土比较浅，多在埋入土壤的木材中营巢。分布在我国北方的栖北散白蚁虽然对温度十分敏感，但是冬季在土层 10 m 以下的野外均可安全越冬。

（3）土栖性白蚁。

土栖性白蚁与土壤结下了不解之缘，离开了土壤不能营巢繁衍后代，白蚁科属此类。白蚁科为等翅目中进化和种类最多的类群，占白蚁种数的 3/4，其中大白蚁亚科 Macortermitinae 能培养真菌作为食料，又称菌圃白蚁亚科。

土栖白蚁筑巢于泥土中，巢体在土壤中的深浅因种类而异，有的在土壤的表层，如近扭白蚁 Pericapritermes nitobei（Shiraki），有的在离地表 0.5 ~ 1.0 m 的土层中筑巢，如黄翅大白蚁 Macrotermes barneyi，有的在地下 2 ~ 3 m 深的土层中营巢，如黑翅土白蚁 Odontotermes formosanus，而土垅大白蚁 Macrotermec annandalei 的巢筑在地表上，分布于云南西双版纳的云南土白蚁 Odontotermes yunnaneruis 筑于地表的土垅巢可高达 3 m，黄球白蚁 Globitermes sulphureus 的地上土垅巢高达 1 m 多，分布于海南省南部的海角锯白蚁 Microcerotermes maritimbus 营筑塔形巢。

土栖白蚁有翅成虫在分飞季节可离巢飞到地面，短暂离开土壤，黑翅土白蚁、黄翅大白蚁等土栖白蚁在地面上由工蚁修筑泥被泥线作为掩体，工蚁和兵蚁在其中活动，甚至在树干上自下而上修筑泥被泥线，可高达数米，工蚁在其中取食老死的树皮。

在非洲和大洋洲，形态各异的土垅巢与自然景观形成了相映成趣的独特热带风光（见图 1-2）。

(a)Amitermes meridionalis 的巢

(b)Amitermes vitiosus 的巢

图 1-2　澳洲区各种形态的土垅巢（仿 G. F. Hill，F. J. Gay）

1.1.3 按白蚁巢的类型分类

依据白蚁巢体结构的复杂程度,可将白蚁巢分为分散型巢、半分散型巢和集中型巢三种。

(1)分散型巢。

较为原始的木白蚁科和草白蚁科原白蚁属白蚁在木中筑巢,结构简单,在木中繁衍后代的场所,为巢之所在地,如栖息在木中的堆砂白蚁属 Cryptotermes、生活在活树枝干中的树白蚁属 Glyptotermes、新白蚁属 Neotermes、生活在潮湿腐朽木头中的原白蚁属 Hodotermopsis,均筑此类巢。

(2)半分散型巢。

散白蚁属 Reticulitermes 的巢是典型的半分散巢,没有定型的巢体,较多白蚁活动的腔室、蚁道纵横连通便成为巢。

(3)集中型巢。

台湾乳白蚁、黑翅土白蚁、黄翅大白蚁等较进化类群的巢大而集中,巢体将随着巢群的发育而发展壮大,由小到大、由简单到复杂。台湾乳白蚁的巢有主巢和副巢之分;而黑翅土白蚁和黄翅大白蚁的巢由泥骨架、“王宫”、菌圃构成,在巢的周围还有为数不等的菌圃,由巢体、菌圃和纵横交错的蚁道构成巢居系统。

1.1.4 按白蚁的取食食物分类

白蚁以植物纤维为食,属植食性昆虫。其食物种类有植物类的腐朽木材、干枯林木、老死树皮、木材及其制品、植物纤维及其制品、生活林木、旱地农作物、真菌等,动物类的动物皮毛、蚕丝及其制品、动物骨角、贝壳等。白蚁能为害蛀蚀的物质还有矿物类等,如云母、石膏、玻璃纤维及化工产品和塑料、合成橡胶、化纤织品、人造皮革等。植物纤维是白蚁最基本的食料和维持生存的物质基础。至于白蚁蛀蚀动物类、矿物类和化工产品类等物质并非生存之必需,而是食物匮乏、营造生存场所、开凿通道之需要,是暂时性的蛀蚀行为。

根据白蚁食物的属性可分为两类。

(1)纯木狭食性白蚁。

这类白蚁非木不食,无木不能生存。白蚁所取食的木包括生活树木、木材和腐木。木白蚁科和原白蚁属 Hodotermopsis 的山林原白蚁是这一食性的白蚁。对木材质地的要求因种类而异,又可分为两类。

①干木性。栖息和取食干木材,尤嗜取食干硬的木材及以其制作的家具,

如堆砂白蚁属 Cryptotermes 的种类。

②湿木性。取食含有一定水分的生活树木或潮湿的木材,甚至腐木,如草白蚁科的山林原白蚁和木白蚁科的树白蚁属 Glyptotermes、新白蚁属 Neotermes 都属这一类食性。

(2)植物纤维广食性白蚁。

这类白蚁食性很广,凡具有植物纤维物质的都可取食,其食物包括生活植物、干枯植物、植物制品、真菌等,鼻白蚁科 Rhinotermitidae 和白蚁科Termitidae 的所有种类都属这一食性。这一食性的白蚁依据其对食物的依赖程度又可分两类。

①全依赖性。完全靠天然的物质维持生命,不能自行培养生产食物,与食物的关系属全依赖性和破坏性,一旦没有天然食物存在,便失去生存条件,如鼻白蚁科属此类。

②生产性。除取食天然食物外,还能培养真菌作为食料,不全依赖于天然食物。白蚁科的许多种类属此类。

1.2 土栖白蚁内部的品级分化及取食方式

1.2.1 土栖白蚁内部的品级分化

1.2.1.1 生殖品级

生殖品级白蚁又称繁殖蚁,其生殖器官发育完全,具有繁殖后代的能力,体形大,尤其是已生殖多年的白蚁蚁后,腹部特别膨大。生殖品级白蚁在群体中司交配、产卵、繁殖后代,维持种群的连续和巢群兴旺的职能。

生殖品级白蚁依其来源和形态的不同,又可分为以下三个品级:

(1)原始蚁王、蚁后。这一品级又称第一型蚁王、蚁后,为长翅型生殖蚁,有翅成虫经分飞、脱翅、配对而定居后进行交配、产卵的生殖个体。雄虫称蚁王,雌虫称蚁后,是白蚁群体的创始者。其形态特点是,体色较深,体壁较硬,有发达的单眼和复眼,终身保留前翅和后翅的翅鳞。随着巢群的发育,蚁后腹部生殖腺逐年发达,其腹部不断增大,与头部及胸部极不匀称,成畸形;而蚁王却保持原来的体形。通常一个群体只有 1 对蚁王、蚁后,而大白蚁属 Macrotermes 和土白蚁属 Odontotermes 种类的巢群往往发生 1 王多后、2 王多后、多王多后的现象。黄翅大白蚁 Macrotermes barneyi(见图 1-3)曾发现 7 王 9 后和 3 王 13 后的巢群,可能是并巢合群而成的(陈镈尧等,1991,1994)。

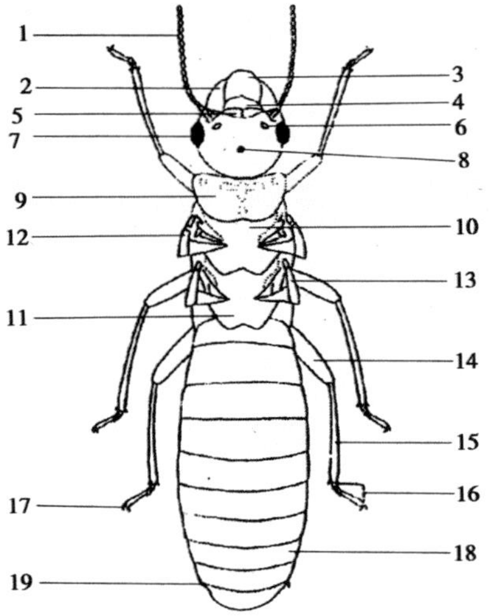

1—触角;2—上颚;3—上唇;4—前唇基;5—后唇基;6—单眼;7—复眼;8—囟;
9—前胸背板;10—中胸背板;11—后胸背板;12—前翅鳞;13—后翅鳞;
14—腿节;15—胫节;16—附节;17—爪;18—腹节背板;19—尾须

图 1-3　原始繁殖蚁:黄翅大白蚁 Macrotermes barneyi Ligh 长翅型(已脱翅)的外部形态及各部构造(仿李桂祥等)

(2)短翅补充蚁王、蚁后。这一品级体色较淡,体壁柔软,有复眼,中胸和后胸背板具有类似若蚁的短小翅芽。补充蚁后的生殖能力比原始蚁后小。短翅补充蚁王、蚁后的数量不固定,从数十头到上百头不等,如黄球白蚁 Globitermes sulphureus(Haviland)在巢群中同时可见到 43 个短翅蚁后,散白蚁属 Reticulitermes 的群体可存在 200 多个短翅蚁后。通常,只有原始蚁王、蚁后死亡后才产生短翅补充蚁王、蚁后,并承担巢群繁殖后代的义务;在原始蚁王、蚁后健在时,巢群内产生的短翅补充蚁王、蚁后不具生殖能力。在台湾乳白蚁巢群中,原始蚁王与有生殖功能的补充蚁后同居现象时而可见。

(3)无翅补充蚁王、蚁后。这类补充生殖蚁的体色浅淡,淡黄色或乳白色,体壁比短翅补充蚁王、蚁后更为柔软,无复眼,中胸和后胸背板无翅。无翅补充蚁王、蚁后较少见,是由不具翅芽的若蚁或工蚁发育而成的。在黄翅散白蚁中时而可见,在台湾乳白蚁中也偶有发现。

西沙原鼻白沙 Prorhinotermes xishaensis (Li et Tsai, 1976)的补充型如图 1-4所示。

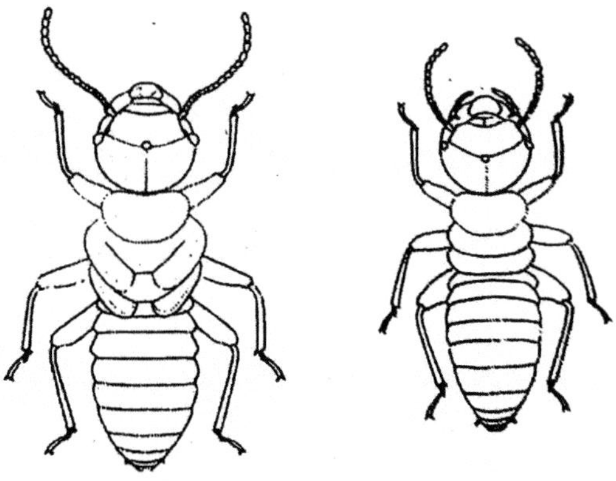

图 1-4　补充繁殖蚁：西沙原鼻白蚁 Prorhinotermes xishaensis (Li et Tsai, 1976) 的补充型(仿李桂祥等)

1.2.1.2　非生殖品级

1. 工蚁

在等翅目昆虫中,工蚁品级的有无或单型或多型因种类而异,木白蚁科 Kalotermitidae 和草白蚁科 Hodotermitidae 的原白蚁亚科 Termopsinae 的部分种类缺工蚁品级,工蚁职能由若蚁承担。工蚁有雌雄之分,由于生殖器官已失去机能,不能进行生殖,专司巢群内修建巢体、修筑蚁道、觅食与取食、照料蚁王与蚁后、搬运蚁卵、饲育幼蚁、清除废物等多项职能。在白蚁群体中,工蚁的数量占绝大多数,因为工蚁是群体能源的生产者,要维持巢体的繁荣和群体的兴旺,工蚁的数量必须处于绝对的优势,如果比例失衡,巢群将面临衰亡境况。不同种类,在巢群中,工蚁在形态上分单型、二型,台湾乳白蚁和散白蚁属均为单型,即在一巢群中只有形态相同的一种工蚁,而黄翅大白蚁 Macrotermes barneyi 和土垅大白蚁 Mannandalei,在同一巢群体中有两种大小差异很大的工蚁,为二型性工蚁。小型工蚁比大型工蚁多,而两者在职能上的区别,目前尚不明了。

2. 兵蚁

兵蚁品级有单型、二型或三型。比较低等的种类兵蚁为单型;高等的类群出现二型,如黄翅大白蚁或三型大白蚁。三型大白蚁 M. trimorphns 和近三型大白蚁 peritrimorphus 兵蚁分大、中、小三型。兵蚁与工蚁一样有雌雄之分,生殖器官发育不完善,失去生殖机能。兵蚁专司防止敌害入侵、保卫群体安全的防卫职能。

白蚁的非生殖型如图 1-5 所示。

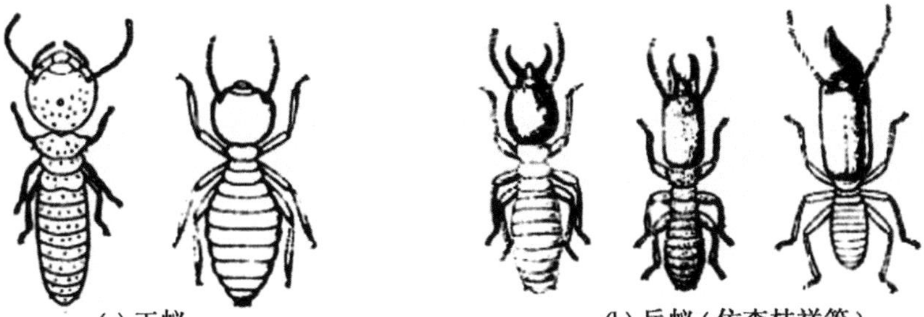

(a) 工蚁

1—台湾乳白蚁（仿黄亮文）；

2—*Coptotermes aciancifarmis*（仿 B. Rankin）

(b) 兵蚁（仿李桂祥等）

1—台湾乳白蚁； 2—黄胸散白蚁；

3—扭白蚁 *Capritermes nitobei*

图 1-5　白蚁的非生殖型

兵蚁是群体中能源的消耗者，甚至连取食的机能都不健全，需要工蚁饲喂（见图 1-6）。因此，兵蚁在群体中所占的数量为 1% ~5%，而且由低等到高等，在巢群中的数量趋于减少。

图 1-6　一种大白蚁（*Macrotermes natalensis*）的小工蚁正在喂吃大兵蚁（仿 Grasse）

1.2.2　白蚁的取食方式

由于白蚁各个品级职能高度分化，口器构造特化，取食方式也与口腔构造相适应。白蚁的取食方式有两种。

（1）自主性取食。

白蚁的工蚁和缺工蚁品级的若蚁属此类，主动寻找食物，凭借发达的口器和坚硕的上颚，将食物咬碎嚼烂后吞入消化道。

（2）被喂食。

白蚁的蚁王、蚁后、兵蚁和幼蚁的口器构造不能直接取食，由工蚁取食经半消化后，再从口里吐出或从肠管末端排出，喂给它们，为被动取食，缺乏主动取食的能力，如图 1-6 所示。

1.3 白蚁的习性

1.3.1 白蚁的活动习性

白蚁的活动习性包括白蚁的昼夜活动节律、活动的季节性和活动范围。

1.3.1.1 昼夜活动节律

绝大多数昆虫的活动,如取食、飞翔、交配等都与昼夜变化规律相吻合,形成利于其生存、繁育,为种的生活习性。因此,在白昼活动的昆虫称为日出性或昼出性昆虫,在夜间活动的昆虫称为夜出性或称夜行性昆虫。

黑翅土白蚁和黄翅大白蚁的工蚁不仅白天能在地表或树干修筑泥被、泥线,在黑夜也能进行这一活动,尤其在高温季节,深夜 1 ~2 时取食活动最旺盛。白蚁有翅成虫的分飞昼夜活动节律具有显著的种的特性,不同的种类分飞时段是不同的。通常每种白蚁分飞时段都比较固定,但不是一成不变的。

1.3.1.2 活动的季节性

白蚁活动受气象因子温度、湿度等影响而产生季节性差异,随着纬度越高,差异越显著。台湾乳白蚁在海南和广东湛江地区的为害活动终年不停,而在粤北地区冬季回巢避寒,极少出来活动。在珠江三角洲一带,冬季气温达到 15 ℃以上便离巢外出为害,当冷空气入侵时却回巢停止活动。黑翅土白蚁和黄翅大白蚁的工蚁、兵蚁离巢到地面上活动,每年有两个高峰期,上半年的 4 ~6月和下半年的 9 ~11 月。冬季活动明显受到气温的制约,当气温回升到 15 ℃以上,可见其在树干上新修的泥被、泥线。

白蚁有翅成虫的活动具有季节性,而且具有特异性。各种白蚁有翅成虫的分飞活动都有比较固定的季节性。

1.3.1.3 活动范围

由于白蚁营群栖巢居和活动的隐蔽性,其活动范围受到了限制,只能在巢内的周围进行活动。白蚁巢群的活动范围主要与取食和繁殖有关。巢群的发育和巢群附近食料丰歉等因素直接影响白蚁的活动范围。刚建立的巢群群体中个体数量少、活动范围很小,如黑翅土白蚁初建巢群仅在土表浅层,巢穴系统也很简单,巢内的泥骨架、“王宫”、菌圃均未形成,土中的蚁道短小,在地面活动范围较小。随着巢龄的增长,巢穴系统逐渐完善,结构越来越复杂,巢体往深层发展,巢内的泥骨架健全,“王宫”形成,菌圃发育,蚁道纵横交错,群体旺盛。据胡剑(2007)研究推算,黑翅土白蚁群体的取食距离可达 4.2 ~35.0

m,取食范围为 12.9 ~ 36.7 m^2。黄翅大白蚁的群体比黑翅土白蚁小,据陈镈铸尧(1991)在安徽东至县金寺林场黄岭工区开挖解剖 30 个黄翅大白蚁巢群,经过清点,成熟巢群的个体数在 10 万 ~40 万头。黄翅大白蚁取食活动范围比黑翅土白蚁小。

土木栖的台湾乳白蚁,其活动范围最大可超过 100 m。国内各地白蚁防治研究和工程技术人员认为,台湾乳白蚁的成熟群体个数少则几十万头,多则 100 万 ~200 万头,其取食活动范围离巢体可达 50 ~ 100 m。

木栖性的截头堆砂白蚁和铲头堆砂白蚁,群体小,每个群体少的几十头,多的也只有数百头,因此其活动范围便很小,往往一根木头或一件木家具便有几个巢群共居。

白蚁有翅成虫分飞距离和能飞及的范围受到风力的大小、光源的波长与强度和自然屏障等因素的影响。胡剑等(2007)于 2006 年 3 ~5 月利用红色荧光喷漆标记黑翅土白蚁有翅成虫,并以荧光显微镜检测法测量其分飞距离为 319 ~ 1 070 m,扩散范围为 0.143 ~ 0.422 km^2,不过 90% 以上的有翅成虫分飞距离不超过 500 m。同样,白蚁的分飞高度也受到上述因素影响,尤其是风力和光源。根据多年的白蚁防治工作实践,台湾乳白蚁能到 35 层以上楼宇营巢为害,多是由于其有翅成虫飞入所致。如有风力顶托,白蚁有翅成虫向上飞翔几十米至上百米是可能的。

1.3.2 白蚁的巢居性

白蚁与其他社会性昆虫如蜜蜂、胡蜂、蚂蚁等一样,筑巢营群栖性生活,巢居性为社会性昆虫的共同特性,也是白蚁的主要生物学特性。

蚁巢是白蚁群体生活的场所、白蚁的"家",主要功能有以下四点:

(1)白蚁群体的安全住所。

蚁巢结构牢固,有御敌功能,巢内有兵蚁护卫,保护群体不受外敌的侵害。不同品级的白蚁活动范围是不同的,蚁王、蚁后常住巢穴,兵蚁常在最需要警卫的地方如刚筑好的分飞孔附近"站岗放哨",而工蚁往往要离巢几十米至上百米远去找寻食源。巢是最安全的,无论什么时候,巢内的白蚁数量是最多的,工蚁和兵蚁外出活动的时间最长不超过 7 天。

(2)抚育幼蚁繁衍后代的场所。

白蚁是较为进化的种类,蚁巢中有"王宫",为蚁王、蚁后居住的地方,蚁后在"王宫"中产的卵,由工蚁搬至"育婴室"进行孵化和抚育幼蚁。因此,蚁巢是蚁王、蚁后行生殖功能的场所,也是白蚁自卵孵化为幼蚁,经若蚁分化成各个品级,不断繁衍后代,保持种群延续的场所。

(3)造就良好的生活环境。

由于白蚁体表柔软,对栖息场所的温度、湿度和 CO_2 浓度有较严格的要求。必须造就利于生存栖息的环境,营巢居住使白蚁能在暴风骤雨和极寒酷热时不受影响。成年巢春夏秋冬,巢内环境相对稳定,如黑翅土白蚁成年巢内温度常在 25 ~ 28 ℃,冬季巢周围土温为 9 ~ 19 ℃时,巢内温度也不低于 20 ℃,夏季气温高达 35 ℃时,巢内温度仍维持在 28 ℃以下。

(4)提供食物的"粮仓"。

木白蚁科无定型的分散型巢是食居场所,在巢中取食木质纤维,巢既是住所,也是"粮仓",培菌白蚁能在巢内和巢外培养为数众多的菌圃,其中的小白球菌 Termitosphaeria duthiei 为白蚁的精良食物。菌圃成为培菌白蚁食物的生产基地和"粮仓"。

1.3.3 白蚁活动与气候因素的关系

气候对白蚁具有极其重要的生态学意义,不仅直接影响白蚁本身,对其生态环境也有很大影响。气候因素在一年中有规律的周期变化,形成了白蚁在一年中的活动规律,如白蚁有翅成虫的分飞规律是白蚁在进化的过程中,对气候周期变化的适应和选择形成的。

气候因素包括温度、湿度、气体、光等。

1.3.3.1 温度

白蚁是喜温性昆虫。昆虫的最适温度一般在 18 ~ 27 ℃,而白蚁的最适温度略偏高。温度是对白蚁影响最重要的气候因素,不仅直接影响白蚁的生殖、发育、取食、分飞等生命活动,还限制了白蚁的地理分布,因此绝大多数种类只分布在热带、亚热带地区。我国约以长江为界,越向南方白蚁种类越多,危害也越严重。不同种类的白蚁对温度的要求差别很大,如危害水利工程的黑翅土白蚁和黄翅大白蚁可以适应较低的气温,但温度对其生命活动的影响是多方面的。

1.3.3.2 湿度

水是生命活动的基础。白蚁的一切新陈代谢都以水为介质(载体),营养物质的运输、代谢产物的输送、废物的排除、激素的传递等都只有在液态下才能实现。水分不足或缺水将导致生命活动的中止,乃至死亡。

1. 获得水分的途径

白蚁所需的水分从环境中获得,其途径有:从食物中取得水分;通过吸水线取得水分；分布于非洲干旱地区草原的筑垅象白蚁 Trinervitermes，在其巢底部向下修筑 40 ~ 50 m 深的垂直隧道，吸取地下水；利用体内代谢水，通过体内储存的营养物质氧化而获得水，白蚁处于休眠或不取食时，体内水分的供给主要靠代谢水。

2. 土壤含水量对初建群体的影响

黑翅土白蚁和黄翅大白蚁配对成虫入土营巢对土壤含水量有一定要求，黑翅土白蚁初建群体，保湿调湿的能力差，周围土壤含水量的高低会对其产生直接影响。黑翅土白蚁和黄翅大白蚁分飞繁殖季节正值春夏之交，气候温暖、雨水丰富，有利于配对繁殖蚁入土营巢，这是生物在进化过程中对环境的适应。

3. 蚁巢的湿度

蚁巢内的空气湿度因白蚁种类而异，在干硬的木材里筑巢的堆砂白蚁栖息场所的湿度较低。台湾乳白蚁巢体含水量在 33% 左右。在土壤中筑巢的黑翅土白蚁巢腔内的空气湿度很大，可达 95% ~100%。

1.3.3.3 气体

白蚁栖息于较为封闭的蚁巢中，巢内气体组成的显著特点是 CO_2 含量很高（空气中 CO_2 的含量为 0.03%）。例如台湾乳白蚁巢内的 CO_2 含量一般为 0.5% ~6.5%，大白蚁巢内的 CO_2 含量一般为 0.6% ~2.8%，非洲黑塚白蚁巢内的 CO_2 含量可以达到 4% ~5%。

1.3.3.4 光

白蚁群体中不同品级对光的反应不同，有负趋光性和正趋光性之分。白蚁的工蚁和兵蚁的复眼及单眼退化，离巢外出活动要修筑泥被作为掩体，惧光，避光而行，为负趋光性。白蚁的有翅成虫具有完全发育的感光器官复眼和单眼，与其他许多昆虫一样对波长 3 300 ~4 000 Å 的紫外光有强的趋向性，分飞时有趋向光源的习性。黑翅土白蚁、黄翅大白蚁、台湾乳白蚁等傍晚或深夜分飞都有这一习性。而有些白蚁，如海南土白蚁、黄胸散白蚁、铲头堆砂白蚁、黄球白蚁 Globitermes sulphureus 则在白天进行分飞活动。

1.3.4 白蚁的分飞习性

分飞（又称分群）是指白蚁巢群发育成熟，羽化了的有翅成虫（又称有翅繁殖蚁），在气象条件适宜的时候，离开巢体，爬出分飞孔（又称分群孔），飞向空中的过程。

1.3.4.1 分飞的生物学意义

昆虫在个体发育中成虫羽化，意味着其体态固定，不再发生变化，各种器官已发育成熟，翅已长成，飞行机能健全，是向四周甚至远距离飞行扩散的时期；性成熟，有生殖能力，是繁衍后代的时期。由于白蚁过着隐蔽的巢居群聚生活，活动的范围受到诸多因素的限制，被"禁锢"在比较小的范围内。每年分飞是向四周远处扩散的极好机会。为了适应其生存，利于配对建立新的群体，分飞选择在温暖潮湿的季节进行；为了确保其物种的连续，一个巢群可飞出成千上万头有翅成虫，而且只要有0.1%的有翅成虫能配对建立新的群体，也能保持其物种的延续和繁荣。如黑翅土白蚁分飞的最远距离可达1 070 m，扩散范围达0.422 km^2（胡剑，2007），有利于其找到适宜的环境建立新的群体，繁衍不断。

1.3.4.2　**巢群发育成熟的期限**

白蚁巢群自建立到发育成熟所经历的时间因种类与巢群所处的环境条件优劣、食料丰歉等因素有关。白蚁的常见种类巢群发育成熟的期限见表1-1。

表1-1　白蚁常见种类巢群发育成熟期限

种名	期限（年）	地区	资料来源
截头堆砂白蚁	7	广东广州	黄珍友等，2009
台湾乳白蚁	8	广东广州	黄亮文等，1983
黑胸散白蚁	7～8	四川成都	潘演征等，1990
黑翅土白蚁	8～10	广东	姚达长，2002
海南土白蚁	4～5	广东湛江	石锦祥等，1987
黄翅大白蚁	5～6	广东	李桂祥，2002

1.3.4.3　**羽化与分飞的时间关系**

白蚁，只有羽化了的有翅成虫才能飞翔，许多昆虫成虫羽化后，翅展开，体壁硬化，便可飞翔。白蚁却不一样，其有翅成虫羽化后需经过一段时间休整，等待分飞条件成熟，便分飞。羽化后待飞时间的长短因种和气象条件而异（见表1-2）。

1.3.4.4　**分飞的季节性与时段性**

白蚁在进化的历史长河中形成了喜温湿怕干寒的习性。白蚁分飞季节性充分体现了白蚁对环境适应的选择性。高温多湿是生存的重要条件，分飞后所建立的新群体子巢，已脱离了母巢，新群体建立的气象条件是温度和湿度都较高的季节，避开寒冷和干热的气候条件。因此，春夏之交是白蚁分飞建立新群体的最佳时期，再加上温度、湿度和气压等气象因素的配合，更利于分飞有翅成虫的存活和新群体的建立。

表 1-2 白蚁常见种类羽化与分飞时间

种名	羽化时间	分飞时间	地区	资料来源
截头堆砂白蚁		4 月中旬至 8 月中旬	广东广州	黄珍友等,2009
台湾乳白蚁	4 月中、下旬	4 月下旬至 5 月上旬	广东广州	钟登庆等,1982
黑胸散白蚁	3 月中、下旬	4 月上旬至 5 月中旬	四川成都	潘演征等,1986
黄胸大白蚁	10 月	翌年 2~4 月	湖北宜昌	李耀华,1989
栖北散白蚁	9 月	翌年 2~4 月	天津	南开大学白蚁研究组,1987
黑翅土白蚁	3 月下旬至 4 月上旬	5 月中旬至 7 月下旬	四川珙县	刘源智,1998
海南土白蚁	分飞前 10~20 天	5 月中旬至 6 月上旬	广东湛江	石锦祥等,1987
黄翅大白蚁	4 月	5 月中旬至 6 月中旬	安徽东至县	陈镈尧,1981

白蚁常见种类分飞状况见表 1-3。

表 1-3 白蚁常见种类的分飞季节与时段

种名	季节	时间（时:分）	温度（℃）	相对湿度	气压（mbar）	地区	资料来源
截头堆砂白蚁	4 月中旬至 8 月下旬	18:30~19:30	23.5~33	64~90	998~1 008	广东广州	黄珍友等,2004
	4 月上旬	下午至傍晚 19:00 高峰	/	/	/	西沙群岛、永兴岛	高道蓉,1975
铲头堆砂白蚁	4 月下旬至 6 月下旬	10:00~14:00	/	/	/	广东广州	李桂祥等,1989
台湾乳白蚁	5~7 月,盛期 5 月中旬	黄昏	22.1~28.0	51~99	993.1~997.0	湖北宜昌	李耀华等,1987
	4~6 月,盛期 5 月中旬	傍晚	21.3~27.4	88~89	1 007.1~1 009.3	广东广州	钟登庆等,1982
	4 月上旬至 5 月	傍晚	22.9~28.8	73~96	1 004.5~1 012.4	海南海口	钟登庆等,1982

续表 1-3

种名	季节	时间（时:分）	温度（℃）	相对湿度	气压（mbar）	地区	资料来源
黑胸散白蚁	4 月下旬至 6 月上旬	11:00～15:00	21	35～82	947.99～963.99	陕西西安	张英俊，1964
	4 月中旬至 6 月上旬	09:00～13:00	17～20	71～81	939.9～1 008.4	河南省舞阳县	王治国，1982
	4 月上旬至 5 月中旬	11:00～16:00	17～26	40～80	944.1～980	四川成都宜宾重庆	潘演征，1986
黄胸散白蚁	2～4 月，盛期 3 月中旬	13:00～15:00	10.0～20.7	58～80	984.1～1 012.2	湖北宜昌	李耀华，1989
	2～4 月	12:00～14:00	20	/	999.99～1 006.65	浙江杭州	唐觉等，1959
	2 月下旬至 4 月中旬	10:00～16:00	23～27	80	/	广东广州	黄博廉等，1985
栖北散白蚁	2～5 月	12:00～14:00	16.7～29.7	28～76	1 009.6～1 028.7	天津	南开大学白蚁研究组，1978
黑翅土白蚁	5 月下旬至 6 月中旬	18:00～19.47	22 以上	≥80	/	浙江余杭	贺传生等，1985
	3 月下旬至 6 月下旬	19:00～20:30	/	/	/	广东广州	陈振耀等
	3 月下旬	/	/	/	/	四川珙县	刘源智等
海南土白蚁	5 月中旬至 6 月上旬	11:00～15:30	24～26.8	90～97	750～755	广东雷州半岛北部	石锦祥等，1987

续表 1-3

种名	季节	时间（时:分）	温度（℃）	相对湿度	气压（mbar）	地区	资料来源
黄翅大白蚁	5月中旬至6月上旬	/	≥21	/	1 001.2～1 013.2	安徽繁昌	陈铸尧，1991
	6月5日	/	23.5	94	1 003.8	浙江宁海	梅向阳等，1984
	5月中旬至7月上旬	03:50～04:49	≥21	≥80	/	浙江余杭	贺传生等，1986
	4月下旬至8月上旬	01:00～05:00	25～31	70～85	992.7～1 001	湖南株洲	钱兴武，1978

1.3.4.5　分飞活动的三个时期

在同一地区，同一种白蚁在每年分飞的季节，依据其有翅成虫分飞的时间与数量可分为始期、盛期（高峰期）和末期三个时期。因为每一巢发育成熟的巢群的有翅成虫不是一次分飞完毕的，而是分几次分飞，而每一次分飞的个体数量也不一样；所有成熟巢群的有翅成虫也不是同时分飞的，有先后之分，加上气象因素的影响，因此每种白蚁在每年的分飞期内，表现出三个时期。

始期，从始见分飞之日到第一个分飞高峰日的那段时间，巢中的有翅成虫已羽化，分飞孔已筑成，并有兵蚁在孔内把守，当气象条件达到其分飞要求时，工蚁打开分飞孔，有少量有翅成虫爬出，然后飞到空中，趋向光源。

盛期（高峰期），从第一个分飞高峰到最后一次分飞高峰的那段时间，巢内的有翅成虫已羽化，气象条件适宜，许多巢群的有翅成虫同时大量分飞。

末期，最后一次分飞高峰之日到白蚁分飞的最后之日，在分飞季节内，大部分有翅成虫已飞出，只有少量的在此期分飞。

第 2 章　白蚁对堤坝的危害

20 世纪 80 年代,我国仅有南方部分省份发现水库受白蚁危害现象,白蚁危害率小于 70%。2006 年全国水库白蚁调查结果表明,除青海、新疆、宁夏、吉林、内蒙古、黑龙江等省(区)外,我国其他地区的水库均发现有明显白蚁危害,白蚁危害率已达到 85%以上。据不完全统计,中华人民共和国成立以来,全国因白蚁危害而垮坝的水库数量多达 500 余座。白蚁对堤坝的危害主要是在土质堤坝内部筑巢、挖掘蚁道,造成堤坝渗漏、管涌甚至垮坝等险情事故,威胁着堤坝的安全运行。堤坝白蚁危害已引起各级水利行政部门的重视。

2.1　危害堤坝白蚁的类型

我国危害堤坝的白蚁主要是土白蚁属和大白蚁属的种类,这两属各有 20 多种,其他常见白蚁有黑胸散白蚁、乳白蚁、大家白蚁。长江流域和淮河流域危害水库工程的白蚁主要是黑翅土白蚁和台湾乳白蚁。

2.1.1　黑翅土白蚁

2.1.1.1　形态特征

兵蚁(见图 2-1(a)),体长 5.40 ~ 6.00 mm。头部暗黄色,呈卵圆形,长大于宽;头部最宽处在中部以后,后颏略为拱起,头部毛稀疏。腹部淡黄至灰白色,胸、腹部有较密集的毛。上颚镰刀状,左上颚齿位于中点前方,齿端斜向前,右上颚内缘相应部位有一枚微齿,小而不显著,上唇舌形,前端窄而无透明小块,侧缘有一列直立的长刚毛,直至上颚中段,未遮盖颚齿。触角 16 ~ 17 节,第 2 节长约等于第 3、4 节之和。前胸背板元宝形,前部狭窄,斜翘起,前部和后部在向前两侧交角处各有一斜向后方的裂沟,前缘和后缘中央均有明显的凹刻。

有翅成虫(有翅繁殖蚁)(见图 2-1(b)),体长(连翅)27.00 ~ 29.50 mm。头部、胸部及腹部背面黑褐色,腹面棕黄色;上唇前半部橙红色,后半部淡橙色,中间有一条白色横纹,前缘和侧缘白色透明;翅黑褐色;全身披浓密毛。头圆形,复眼、单眼椭圆形,单眼与复眼的距离约等于单眼的长度;后唇基隆起,

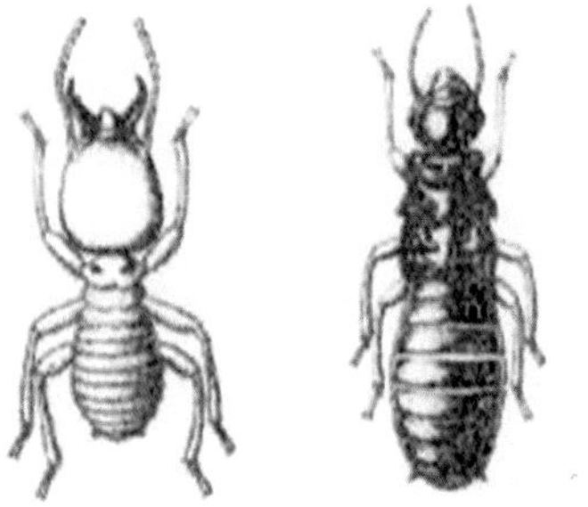

(a) 兵蚁　　(b) 脱翅成虫

图 2-1　黑翅土白蚁(仿黄复生等)

长于宽之半,中央有纵缝将上唇基分成左右两半,前、后唇基等长;触角 19 节,第 2 节长于第 3 节或第 4、5 节。前胸背板前宽后窄,中央有一淡色"十"字斑,近前侧角处有一淡色圆点,前缘中央无明显缺刻,后缘中央凹入;翅长大,前翅鳞略大于后翅鳞。

工蚁,体长 4.60 ~ 4.90 mm,头黄色,胸部及腹部灰白色。头侧缘与后缘连成圆弧形,囟位于头顶中央,为小圆形凹陷;后唇基显著隆起,长约等于宽之半,中央有纵缘;触角 17 节,第 2 节长于第 3 节。

2.1.1.2　生物学习性

1. 巢群的建立与发育

分飞跌落地面的有翅成虫,脱翅后,雌虫在前,雄虫紧紧随后,往往雄虫咬住雌虫腹部尾端,寻找适宜的场所开掘孔道,入土营巢,常有 2 只以上脱翅成虫钻入同一地点营巢而形成一巢多王多后现象,此时巢深 10 ~ 30 cm。巢群的发育可分幼龄巢、成年巢和老年巢三个阶段。

1) 幼龄巢

自脱翅的有翅成虫配对入土营巢至新一代有翅成虫分飞前的巢群为幼龄巢,经 7 ~ 10 年,这一期限内,巢体发育发展情况包含无菌圃期、单菌圃期和多腔期。

无菌圃期的巢体大小仅有 1 ~ 2 cm,这类巢只有一个腔室,都是最初 100 天之内的巢,巢体为半球形的小腔室,腔内无明显结构。

单菌圃期巢体结构仍然简单,呈馒头形,直径 3 ~ 15 cm,周壁光滑,腔内布满菌圃,脱翅成虫居住在菌圃下,尚无特殊居室,可以自由活动。

多腔期分幼期和中期,巢体已由一个单独腔室发展成为多个腔室。每一腔室都有 1 个菌圃。蚁王、蚁后居住在巢腔系统中最上层的一个腔内。主腔直径 14 ~ 25 cm,其菌圃分层或不分层,无泥骨架,“王宫”位于底层或边缘。此时为多腔初期。随着巢群的发展,巢腔系统中发展更多的腔室外,还出现了一些不含菌圃的空腔。主腔不一定是巢穴系统中最上层的一个腔,但是最大的一个腔,长径 20 ~ 30 cm,仍无泥骨架,“王宫”在底部或边缘。有旧主腔,此期为中期。

2)成年巢

由幼龄巢发展到成年巢的最主要标志是巢群内已产生有翅成虫,巢体上方附近出现候飞室和分飞孔,为巢群发育最旺盛时期,可持续 50 年左右。依据巢体的深度、菌圃和泥骨架发达程度可分两个时期。

(1)层裂期,巢内含有菌圃的腔室和不含菌圃的空腔都比前一阶段明显增多,主腔直径 35 ~ 70 cm,而且有横列的泥骨将菌圃分裂为许多块。这一时期的主要特点是巢群内已产生有翅成虫,因此在巢上方附近出现了候飞室和分飞孔等结构,象征巢群已发育成熟。“王宫”位于王室菌圃的中央。

(2)块裂期,主腔长径 70 ~ 80 cm,泥骨架发达,将主腔裂成小室,“王宫”菌圃分裂成小块但尚饱满。

3)老年巢

整个巢群工蚁和兵蚁数量减少,菌圃数量减少,多已萎缩而成空腔;蚁后腹部干瘪,逐渐丧失产卵能力,巢中逐渐没有卵和幼蚁,至整个巢群死亡大致持续 10 年。

老年巢有残菌圃期,菌圃腔的数目减少,而空腔的数目增多,巢腔内的泥骨架特别发达,形成厚壁,而介于泥骨架之间的菌圃不齐全。因此,巢腔内的下部有菌圃而上部为空洞,此时巢群已进入衰老阶段,巢内工蚁、兵蚁数量减少,蚁后腹部干瘪,产卵量逐渐减少。

2. 生活史与品级分化

黑翅土白蚁的生活史,脱翅有翅成虫配对入土后 4 ~ 10 天开始产卵,再经 40 天左右孵化。幼蚁从卵孵化出来后,经三次脱皮分化为工蚁;幼蚁经二次脱皮分化为前兵蚁期,再脱一次皮分化为兵蚁;1 ~ 3 龄每龄经 6 ~ 8 天,前兵蚁期经历 11 ~ 12 天。在成年巢中,3 龄若蚁一部分会出现翅芽,发育到有翅,6 龄若虫羽化后成有翅成虫;从若蚁发育成长翅型繁殖蚁约经历半年以上。

3. 有翅成虫的分飞习性

巢群不同发育时期所产生的有翅成虫的数量是不同的,由数十头到万余头。巢群发育到成年巢后,有的巢群可连续数年产生有翅成虫,分飞后间歇 1 ~ 2年,有的巢群每隔 1 ~ 2 年分飞。

黑翅土白蚁的分飞始期，不同地区略有差异，分飞末期大致在 5 月下旬。在河南省内，黑翅土白蚁的分飞期为 3 ~ 6 月，因气象条件（雨量、土壤湿度、大气相对湿度、气温、气压）等因素影响，可能发生变化。

2.1.1.3 地理分布

黑翅土白蚁在国内分布于安徽、江苏、浙江、江西、福建、台湾、河南、湖北、湖南、广东、广西、海南、香港、澳门、陕西、甘肃、四川、云南、贵州；国外分布于缅甸、泰国。

2.1.2 台湾乳白蚁

台湾乳白蚁，又称家白蚁或台湾家白蚁，是一种严重危害房屋建筑木构件、仓储物资、树木及通信设施等的土木两栖性白蚁。

2.1.2.1 形态特征

兵蚁，体长 5.34 ~ 5.86 mm；头部及触角浅黄色，上颚黑褐色，腹部乳白色，头呈椭圆形，囟圆形，大而显著，位于头前端微突的短管上，朝向前方；上颚镰刀状，前部向内弯，在左上角基部有一深凹刻，其前有四个小突起，最前的突起位于中点之后，颚面的其余部分光滑无齿；上唇近舌形，前端的透明尖不很显著；触角 14 ~ 16 节，多数第 3 节或第 4 节较短；前胸背板平坦，较头狭窄，前、后缘的中央有凹刻。

工蚁，体长 4.77 ~ 5.44 mm；头部微黄，腹部白色，有时透露肠内物的颜色；头前部呈方形，后部呈圆形，最宽处在触角窝部位；后唇基很短，长度相当于宽度的 1/4，微隆起；触角 15 节；前胸背板前缘略翘起；腹部长，略宽于头。

有翅成虫连翅长 13.5 ~ 15 mm，体长 7.5 ~ 8.00 mm，头背面深黄褐色，胸、腹背面黄色，翅呈淡黄色。复眼近圆形，单眼椭圆形，其与复眼的距离小于单眼宽度；后唇基极短，为一横条，淡黄色，略隆起，前唇基白色，长于后唇基；上唇淡黄色，前端圆形；触角 19 ~ 21 节，多数第 3 节或第 4 节较短；前胸背板前缘凹入，侧缘与后缘连成半圆形，后缘中央凹入，前翅鳞大于后翅鳞；翅密布短毛。

2.1.2.2 生物学习性

1. 巢群的建立与发育

台湾乳白蚁有翅成虫经飞翔后落地脱翅，爬行择偶配对，雄虫紧跟雌虫，咬住雌虫腹端找寻潮湿有食料场所的空隙钻入营巢。台湾乳白蚁巢群发育经幼龄巢、成年巢、老年巢至巢群衰亡。

2. 巢穴系统结构特点

台湾乳白蚁的巢穴系统包括主巢、副巢、排泄物、分飞孔、通气孔、汲水线、蚁路。蚁巢是以木质纤维为主和一些泥土、砂粒、白蚁排泄物及白蚁分泌的唾液黏合成的蜂巢状的结构。蚁巢的形状因巢环境而异,多为椭圆形。初建的幼龄巢,巢体很小,甚至无巢。2 ~3 年幼龄巢,通常可看到有白蚁排泄物积聚的巢体。成年巢直径可达 30 ~40 cm,大的可达 1 m 以上。有主、副巢之分,1 个主巢,副巢 1 至多个,主巢与副巢可转换。巢体外层是泥壳,里层为多孔状结构,再往内是分层排列的薄片。主巢有蚁王、蚁后居住的“王宫”,由坚硕的泥质做成,近半月形,周边有孔口供工蚁、兵蚁及若蚁出入,副巢无“王宫”。

3. 有翅成虫分飞习性

一个巢群的有翅成虫,在同一年内是分期分批羽化的,因此其有翅成虫分飞也分数次飞出。

2.1.2.3 地理分布

台湾乳白蚁在国内分布大致以淮河为其分布北界,国外分布于日本、菲律宾、美国南部各州及夏威夷、非洲。

2.2 堤坝白蚁危害来源

根据筑坝材料的不同,大坝可分为土石坝、砌石坝、混凝土坝、橡胶坝等。按照土料在坝身内的配置和防渗体所用材料的种类,土石坝又可分为均质坝、土质防渗体分区坝和非土料防渗体坝。相对于砌石坝、混凝土坝和橡胶坝等,土栖白蚁危害的主要是土石坝。

大坝产生白蚁隐患主要有以下几个途径。

2.2.1 兴建大坝遗留下来的白蚁隐患

在建造大坝之前,由于不清楚大坝基础内是否存在白蚁隐患,或对其危害估计不足,导致在填土建堤筑坝时未进行处理或采取的措施不力,形成了遗留下来白蚁隐患。白蚁为了生存和发展,从基础内向外修筑蚁道,工程刚建好,蚁道也已把堤坝贯通。一旦蓄水,大坝上就会出现渗漏现象。对类似的现象,水利工程技术人员常常误认为是大坝的施工质量不佳或基础与新覆盖土层衔接不好而造成的渗漏,忽视了基础内本已存在的白蚁隐患。

建坝时利用原生山土做坝体,坝头清基时没有清除潜伏在深土里的白蚁群体,这种情况较为普遍。由于清基不彻底造成的这种蚁患,蚁巢入土深,危害早，隐患严重，往往会使大坝发生早期漏水，处理也较困难，对大坝安全威胁很大。

许多水库为了更大地发挥水利工程效益和进一步保障水库的安全运行，都纷纷加高培厚。堤坝在加高培厚时，基础内原有的蚁害如果未经处理或处理不彻底，就把相当厚的土层覆盖上去，这样就会将原大坝内的白蚁隐患埋藏得更深。白蚁巢穴越深，对水库的安全威胁就越大。20 世纪 60 年代以前建成的水库，许多地方对这些水库均进行了加高培厚，但在加高培厚过程中，一般未做白蚁危害检查和灭治处理，这便给这些水库的安全造成了隐患。在今后的工作中，应重点关注这些水库的运行安全。

2.2.2　分飞侵入

分飞侵入是指白蚁有翅成虫分飞时，因灯光和水面反光吸引，由附近山坡和田野而飞入大坝上，继而寻找适宜的地方建立新的群体。对大坝而言，这是白蚁入侵的最重要途径。无论是在大坝建造过程中，还是在大坝建成后，白蚁的有翅成虫均会通过这种方式侵入大坝，潜伏在坝体内，进而对坝体造成危害。水库附近的蚁源不除，水库蚁害便治之不尽，年年治年年有，造成蚁害无法控制的被动局面。

每年的 4 ~6 月是土栖白蚁分群、繁殖季节，一些有翅繁殖蚁分飞到坝体上定居。主要原因是大坝上的管理房、电站、路灯和防汛指挥灯等发出的光和水库水体表面反射的光对趋光性的白蚁繁殖蚁有引诱作用。同时，坝体上种植有小型灌木和绿地，能为白蚁提供生存所必需的食物。因此，飞向大坝的白蚁有翅繁殖蚁，脱翅配对后，易在坝体内筑巢繁殖，建立新的巢群。

这种途径占所有入侵大坝白蚁总数的 80% 以上。在坝龄较长的水库内部，成熟的白蚁巢也会不断产生有翅成虫，并在水库上分群繁衍。这样，水库内的白蚁群体就会越来越多。

2.2.3　蔓延侵入

蔓延侵入是指分布在水库附近山体上的白蚁，以蚁巢为中心筑路向四面八方寻找食物。坝两端山坡上有大量的枯死树木、伐桩、枯枝落叶和牲畜粪便，这些材料为白蚁提供了丰富的食物，白蚁易在这样的环境中大量滋生；背水坡滋生的杂草和种植的绿地，迎水坡聚集的各种各样的漂浮物以及护石层裂缝内储藏的飘落下来的枯枝落叶，都是土栖白蚁喜食的食物。同时，绝大多数的水库均属黄黏土，偏酸性，且水库内的温、湿度多适宜于白蚁筑巢繁殖，因而白蚁喜欢在这类土壤中定居生活。

生活在水库附近山坡上的白蚁，在寻找食物的过程中，会通过水库与山体连接处侵入大坝内，进而在坝体内活动，并通过营建副巢、蚁巢转移等迁巢活动，在坝体内建立新的巢群。对水库而言，这是一条仅次于分飞的侵入途径。研究表明，黑翅土白蚁工蚁可到距巢150多米远的地方觅食，黄翅大白蚁则可在巢外35 m远处的地方活动、采食。在水库附近山坡筑巢生活的黑翅土白蚁、黄翅大白蚁等土栖白蚁，在觅食过程中，都易通过与坝体连接的山坡处侵入坝体内，进而在其内生存、繁衍。如果在水库建造前和建造好后，对水库两侧山坡上的白蚁进行灭杀，那么无论在水库建造过程中还是在水库建好后，水库均不会受到这种侵入方式的危害。因此，为了减少白蚁对水库的危害，需要在建造水库前、后对附近山坡上的白蚁进行灭治，以减少白蚁对水库的危害。

2.2.4 人为招致白蚁侵入危害

(1)随土料带入。随土料带入是指在土料场取料时，由于机械作业，生活在土料场土壤中的白蚁，特别是幼龄巢内的繁殖蚁，极易伴随土料而被带入坝体内。这些白蚁如未被及时消除，在施工过程中，由于很难对所有的土料做到随倒随碾压，因此混在土料中的繁殖蚁一旦幸存下来，它们便会在坝体内营建新的蚁巢，进而对坝体造成破坏。

(2)许多水库周边堆晒柴草和木材，过后又不及时清理。有个别的堤防边建坟墓、盖猪舍、搭柴火棚、建厕所等。有的水库甚至在大坝的两端种植白蚁喜食的树木。更多的是水库上杂草丛生，给白蚁创造了良好的隐蔽和取食等生活条件，这些都容易招致周围的白蚁来此安家落户。

2.3 白蚁危害特点及常见险情

2.3.1 白蚁危害特点

白蚁在土质堤坝内营巢繁衍，主巢大小常在60 cm×50 cm× 60 cm(长×宽×高)，大者挖空堤坝内1 m^3 以上的土方，而且主巢周围常有大小不等的数十个甚至上百个卫星菌圃，主巢与菌圃之间又有四通八达的蚁道相连通。主巢一般修筑在背水坡距坝面2 m以下，常水位浸润线以上。白蚁除在背水坡取食植被外，还可以通过地下蚁道，穿过水库到迎水坡取食枯枝落叶和浪渣，而当汛期水位上升时，水流便有可能进入隐藏在坝内的蚁道和巢腔内，造成散浸、管涌、跌窝和滑坡等险情，若抢险不及时或措施不当，就可酿成灾难——崩堤垮坝，如图 2-2 所示。

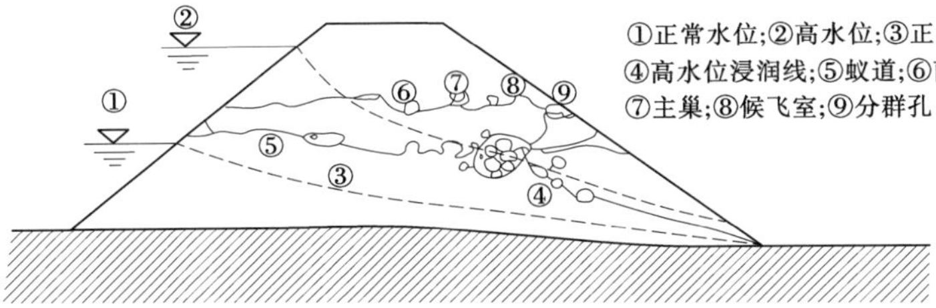

图 2-2　白蚁危害水库原理示意图

2.3.2　白蚁危害堤坝的常见险情

(1)湿坡、牛皮涨。当堤坝土质欠佳时，如用风化土、半风化土、混合料填筑的水库，白蚁在水库内修筑蚁道时常受阻，遇到石块则转弯抹角，尽管蚁道内壁是用较好的黏土筑建，但蚁道本身仍不够牢固，非常容易被水冲刷损坏。水流进入蚁道而不能顺畅流出，就会形成散浸甚至牛皮涨现象，严重时造成滑坡险情。

(2)管涌、漏洞。当堤坝土质尚好，白蚁修筑的蚁道就坚固而结实，蚁道内壁光滑，当水流进入蚁道时，不管进水如何浑浊，出水口开始流出的都是清水，这是因为浊水在蚁道内要经过无数个菌圃的过滤，此时也可能有白蚁随清水流出。一段时间以后，清水变浊，且带有白蚁甚至明显的菌圃颗粒，这是蚁道、蚁巢和菌圃被水流冲刷浸泡破坏所致。

(3)跌窝。当主巢空腔较大时，长期下雨导致主巢上部土层湿润，抗剪力减弱，因重力下坠压垮蚁巢从而形成跌窝。或者因蚁患造成的漏洞险情严重发生时，巢体和周边泥土随水流被大量冲刷出堤坝外，造成堤坝内部空洞，上部土层因重力下坠瞬间坍塌形成塌坑。

(4)崩堤、垮坝。当水库长时间保持高水位时，如果没能及时发现白蚁造成的危害，或因抢护措施不得力，险情从漏洞发展至跌窝，则极易发生崩堤垮坝。从漏洞到跌窝至崩堤垮坝的演化过程，少则数小时，多则数十小时，甚至更长时间，这主要取决于洪水位升涨速度与水库大小、水库质量，以及蚁巢在水库中的位置等因素，也与抢险是否及时、措施是否科学有很大关系。

古人云："蚁之为害，隐患难察""千里之堤，溃于蚁穴"。今人曰："堤坝隐患，定时炸弹"。这些慎小节才能防大患的名言均证实了白蚁危害土质堤坝常常造成管涌，管涌愈演愈烈，则会酿成崩堤垮坝的大灾难。

2.3.3 白蚁危害造成堤坝险情实例

土栖白蚁在堤坝内部营建巢穴，通过修筑四通八达的蚁道，建立副巢和卫星菌圃，形成蚁巢系统。外出取食修建的泥被、泥线，繁殖蚁分飞前修建的分飞孔等地表迹象，具有一定的隐蔽性和时段性，经雨淋日晒，这些地表迹象被严重破坏，因此在较长的时期内，这些地表迹象在水库表面很难被直接发现。

如 1983 年 2 月 13 日，广西大洋河水库二副坝出现坝身漏水，并逐渐形成管涌，由于管理上的疏忽，坝身渗漏未及时进行处理，出现管涌时抢险措施不得力，最终造成晴天垮坝。

1996 年 7 月，荆州市长江干堤遭受了百年未遇的特大洪涝灾害，在洪湖周家嘴桩号 525 +400 ~ 528 +825 范围内相继发生了"漏洞群"及堤顶跌窝等严重险情(见图 2-3)，经查其原因多系堤防白蚁危害所致。

图 2-3 长江干堤塌岸

1998 年 7 月，长江中下游堤防发生渗漏、散浸等险情 6 181 处(见图 2-4)，其中 80% 的渗漏是白蚁隐患造成的。

2008 ~ 2009 年，湖北省在水库除险加固工程和堤防建设管理过程中，频频曝出白蚁巢穴形成的重大隐患，如嘉鱼县石泉水库发现距坝顶约 2 m 深处，有一直径约 0.8 m 的白蚁巢穴；罗田县跨马墩水库在对心墙实施灌浆处理时，因心墙中有一巨大白蚁巢穴而导致坝顶垮塌 3.5 m。

2001 年 10 月 3 日，四川省凉山彝族自治州会理县黎溪区河口乡大路沟水库发生垮坝事故，造成 16 人死亡，10 人失踪，9 人重伤，3 人轻伤，下游沿河两岸 5 个乡 293 人受灾，后经水利部工作组调查分析，垮坝原因是白蚁在大坝

图 2-4　白蚁危害造成长江大堤溃决

内建巢，库水沿蚁道集中渗漏，形成管涌，管理人员未及时发现坝体渗漏、管涌等险情，导致水库垮坝（见图 2-5）。

图 2-5　白蚁造成的水库危害

第3章 堤坝白蚁防治方法

白蚁对堤坝具有严重的危害性,一般很难在表面发现。灭杀堤坝白蚁在方法上与其他白蚁种类有所不同,如房屋建筑中的家白蚁和散白蚁,只需要消灭其群体,就达到了灭治的目的,而灭治堤坝白蚁,不但要消灭白蚁的群体,还需要填充堤坝内部的空洞。

灭杀白蚁的主要方法有挖巢法、药杀法、诱杀法和灌浆法。无论哪种灭治方法,都无法保证彻底根除蚁患。因此,应根据白蚁危害的部位、范围、程度的不同,采取一种或几种措施,综合治理,最终达到预防和控制的目的。

3.1 挖巢法

挖巢法是一种比较古老的,而又行之有效的灭杀堤坝白蚁的方法。此方法主要是根据白蚁的活动迹象寻找蚁道,追踪蚁道进行开挖,找到主巢擒到蚁王、蚁后,则此白蚁群就会逐渐衰亡死绝。再结合施药毒杀残余白蚁和灌浆堵洞,挖开的蚁巢立即用土分层回填夯实,并根据要求进行压实度检测。

3.1.1 寻找蚁道

寻找蚁道的方法主要有以下几种,可根据实际情况选用:

(1)从泥被、泥线找蚁道。

在蚁巢上方的地面或蚁巢附近的地面,一般具有一块直径 3 m 的活动区域。若在春季时每隔半个月进行一次调查,会在该区域多次发现白蚁活动的迹象,如泥被、泥线,或者是在草堆、土块等地被物下发现隐蔽的活动点。该区域是各个巢群地面活动频度最大的区域,被称为“常现区”。

在发现泥被、泥线的地方,铲去 1 m^2 左右的草皮,然后耐心细致地用小刀不断切削泥皮,找到半月形小蚁道后,先用喷粉器将白色滑石粉喷进去,或用细草茎插入小蚁道内,再沿着白粉或细草茎追挖出拱形的主蚁道。只要做到耐心细致,在均质黄黏土的水库上一般都能追挖出主蚁道。但是,水库的土质若为风化土或沙壤土,则从泥被、泥线追踪主蚁道就相当困难,在追挖过程中,往往会由于土质松散而迷失方向。还有一种情况,即大坝表层的一定厚度是用代替料（沙石、泥土的混合物）覆盖的，它与风化土、沙壤土类似，在追踪蚁道时要特别注意细心，因为常常追挖一段后突然土质松散，塌下一堆泥土，或遇到石头阻碍而失掉蚁道的去向。所以，在开挖过程中，除做好跟踪追挖标记外，还不能用锄头猛击土壤，必须轻轻下锄，锄土要少量，才能避免塌土和迷失方向。蚁道碰到石头时绕道而行，只要细心，一般仍可找到绕行的方向。

（2）从分飞孔找蚁道。

在分飞孔密集处或从最大的分飞孔开挖，顺着半月形的分飞孔道追挖20～30 cm距离时，即会出现许多宽扁的半圆形薄腔室（候飞室），再跟踪候飞室挖进几十厘米就可找到主蚁道。通常，根据分飞孔追挖主蚁道是一种多快好省的方法，但受到季节性的限制，所以必须不失时机地抓住白蚁分飞季节进行。从分飞孔找主蚁道，最好是在白蚁有翅成虫出飞前，原因是由分飞孔追挖到候飞室，要准确地判断通向水库内的主巢方向的蚁道，必须根据白蚁的数量和白蚁的走向。假如在分飞以后，蚁道内无白蚁做引导，判断就困难了；还常常发生错误地追挖出地面，再返回去重新追挖。从分飞孔追挖主蚁道时，尤其要注意顺水库中轴线有一条较大较粗的蚁道。这条蚁道向主巢的方向通常由1～3 条主蚁道连通，向分飞孔的方向则有无数条支蚁道连接着候飞室。因此，只要在追挖中找到这条较大型蚁道，就能比较容易地发现主蚁道。一般是从分飞孔密集处开挖，但若遇到两片状或多片状分飞孔分布图像垂直于水库中轴线，就应该从水平位置的最高一片分飞孔图像开挖，图像下就是主巢。

（3）从引诱物中找蚁道。

无论是挖坑、设堆、置包或打桩等方法引诱白蚁，待诱集到大量白蚁时，就可以仔细地寻找蚁道了。一般从引诱坑和引诱堆中找蚁道比较容易。因为这些装置中食料多，来取食的白蚁数量也多，所以修筑的蚁道就大，找到蚁道跟踪追挖下去，便获得主蚁道。然而，从引诱包和引诱桩寻找蚁道就不那么方便了，因食料少，取食白蚁不多，修筑的蚁道很小，所以必须非常仔细地追踪小蚁道，也可获得主蚁道。

（4）主蚁道的判断。

由细小分枝蚁道追挖到大型主蚁道，要经过一个细致而又复杂的过程，在追挖的过程中有许多关键性问题，如蚁道分叉与汇合、封闭、迷失等。若分析处理不当，挖巢就会半途而废。为此，将蚁道变化分析与处理方法的一般情况列入表 3-1，供实践中参考。

表 3-1　常见蚁道变化及分析处理

蚁道变化情况	原因分析	处理方法
用签试探蚁道不通	封闭	看清楚堵塞情况，找出蚁道
	左右弯曲	看清拐弯处有无分支与汇合点，摸清关系，继续跟挖
	蚁道由深到浅或分叉，或汇合	观察蚁道接连处，如分叉向下可向上挖；反之，在下方找出蚁道跟挖
	蚁道由浅入深(下扎)	蚁道大可能即将到巢，蚁道小可能下接主道，注意跟挖
	蚁道进入空腔菌圃	选择白蚁多、蚁道大的方向跟挖
蚁道小扁平畅通	距主巢较远	继续跟挖，注意分叉与汇合关系
蚁道口高拱下扎	距主巢较近	适当扩大开挖场面，加紧跟挖
地面小蚁道陡扎	下面必接较大蚁道	适当扩大开挖面，防止土粒堵塞蚁道
一道变多道	距主巢较近，蚁道辐射角度小，有时会出现几条道	弄清各道关系，并做好标记，然后逐条清理，证实是否同一主巢
蚁道迷失	封闭拐弯或上下起伏	在迷失处适当挖深或向左右增宽，用灭蚁刀仔细寻找

通常称蚁道底径为 2~3 cm 的蚁道为主蚁道。有些主蚁道直通向主巢，有的有分支，有的中途有菌圃或空腔，后又有几条蚁道出现，找到主蚁道后，关键的技术是如何去判断哪一条主蚁道是到主巢的。通常蚁道口径大的一端就是巢向。纵切主蚁道，道形高而底窄并继续下扎的，是近巢方向。道形低而宽的，则是远巢方向。从以下情况也可判断巢向：工蚁、兵蚁活动频繁，酸腥味浓，蚁道封闭严密或有“重兵”把守；蚁道分支的锐角方向。有这些情况的一端，可能是近巢方向。有时出现无数条错综复杂的蚁道，难以准确判断巢向，就要结合白蚁在堤坝上的分布规律和近主巢方向蚁道的特点，进行具体分析研究。

在寻找蚁道的过程中，如果迷失了方向，可采用两个补救的办法：一是停止追挖，冷静分析周围环境条件，凡是有怀疑的地方都可补挖，找出主蚁道；二是停止追挖，把周围的浮土削干净，等候半天，甚至 1~2 d，待发现新的地表象征后再重新追挖,仍然可找到主蚁道。这两种方法,一般都有成效。

3.1.2 寻找蚁巢

找到主巢是灭治堤坝白蚁的重要环节,寻找蚁巢的方法主要有以下几种:

(1)从主蚁道追挖找巢。

找到主蚁道后,继续追挖,如发现以下迹象,说明离主巢不远:蚁道由小渐大并向下扎;多数蚁道朝着同一个方向,或有大量菌圃,菌圃颜色渐深,由小到大;工蚁封闭道口甚急,抽出蚁道中的草秆、竹篾上面有浓厚的酸腥味并有许多兵蚁咬住不放;锄头触土有空荡的回声。顺着这些近巢特征追挖下去,就可找到主巢。

(2)根据分飞孔分布图像类型找蚁巢。

不同种类的白蚁分飞孔具有不同的分布图像类型,找巢时可依据对分飞孔的分布图像分析确定出分飞孔的密集点或较密集点的几何中心点进行追挖。分飞孔数量的多少,则根据成年蚁巢的发展阶段而有所不同,一般为几个到几十个。分飞孔分布图像类型的不同,其蚁巢的判断方位如表 3-2 所示。

表 3-2 分飞孔分布图像特征判定巢位

分布图像特征	蚁巢判定
一片状	在片状的上方开挖,主巢就在片状的上方平面
两片水平状	在靠近较高的一片挖,主巢就在其下面
两处垂直状	在靠近上边一片的下面挖,主巢就在其下面
三片三角状	在三片的中间开挖,主巢就在其下面
四片平行四边形状	在中间两片的中间开挖,主巢就在其下面
多孔线形状	在线形的中部开挖,能找到主道和主巢

在堤坝上应用此项技术找蚁巢,需要准确掌握堤坝建设、结构、加高培厚情况等,从而较准确地推断巢位的深度范围,是加坝前还是加坝后产生的成年巢。

(3)利用锥探找蚁巢。

用 4~5 m 长的钢锥,间距 0.5 m,排成梅花形,几个操作人员(一般 3~5

人一组)同时用力往坝坡内猛扎打眼。打眼过程中如遇巢穴或空洞,就会有“吊锥”的感觉。假如肯定是“吊锥”,则要向外围每隔 5~10 cm 间距扩散打洞锥探,以便确定巢穴或空洞的大小和深度,从锥上的气味可以区分是蚁巢还是其他空洞。若为蚁巢,用一根长竹签插入洞穴中停留片刻后拔出,则竹签上就会有一段出现湿润而带酸腥味,有时还有工、兵蚁咬住竹签子。湿润段和工蚁、兵蚁咬着的段相吻合的长度,就是蚁巢的深度。一般洞穴直径在 50~70 cm,多属主巢。此法有一定效果,但劳动繁重,盲目性很大,一般不采用。但未经加固或加固不厚(1 m 左右)而断面矮小的,或土质均匀又不太坚硬的水库,较适宜采用锥探打洞找蚁巢。

(4)利用物探方法找蚁巢。

根据白蚁的生物学、生态学特征,使用地球物理的方法探测白蚁蚁巢是一种全新的探测和发现白蚁蚁巢的方法与技术。详细应用在第 4 章和第 5 章进行介绍。

(5)利用真菌指示物找蚁巢。

在白蚁巢居的不同位置或不同发展阶段,蚁巢一般会长出特定的真菌,它们可作为蚁巢的指示物,为寻找白蚁巢穴提供重要信息,因为它的生长周期很短,一般只有 3~7 d,故查找一定要及时,发现后即做好标志以待处理。

白蚁的活巢指示物主要有鸡枞菌、三踏菌和鸡枞花。鸡枞菌在巢群发展到多腔幼期才开始产生,多腔中期为盛期,进入层裂期后为衰亡期。顺着鸡枞菌向下追挖,就可找到蚁巢。在雨季,白蚁巢穴内,尤其是接近地面的菌圃穴内的湿度太大,白蚁巢穴通过生长鸡枞菌之类的真菌,把巢穴里多余的水分带出去挥发掉,实际上是白蚁控制与调节巢穴内湿度的一种奇特功能。在我国南方地区,堤坝内筑巢比较浅的白蚁种类,在雨季时,较容易生长鸡枞菌之类的真菌。

三踏菌属于白蚁伞菌属的另一种伞菌,也是生长于活蚁巢上。三踏菌比鸡枞菌产生得晚,当蚁巢发展到下位少腔巢时期,才开始产生三踏菌。蚁巢发展到层积多腔巢时期,为产生三踏菌的盛期。三踏菌产生于幼年巢的比例为 8%,成年巢为 92%,入土深度范围在 20~40 cm。

炭棒菌又叫鹿角菌,是从白蚁的衰亡蚁巢和死亡蚁巢中长出的一种真菌。在正常的或加固较久的水库上新产生的白蚁群体,通常在用灭蚁诱饵条毒死白蚁两个月以后,巢位上就长出炭棒菌,密集的炭棒菌生长范围一般就是主巢的大小,这是找巢位的一种最理想的优选法。

3.2 药杀法

3.2.1 堤坝表层喷药法

表层喷药法即对堤坝表层一定厚度的土壤进行药剂喷洒处理，使堤坝表层形成有效、连续的药土屏障。使用的药物应选用在土壤中具有较长滞效期的白蚁防治专用药剂，在背水坡表层全面喷洒。

另外，在加高培厚堤坝的过程中，每新填 20~30 cm 厚土壤，在其上面用药剂溶液淋透面层。

3.2.2 打孔灌药

(1)浅层打孔灌药。在堤坝表层，用小铁钎打洞，深 30 cm，洞间距 30 cm×30 cm，朝洞内灌注防治白蚁的药液。浅层打孔灌药法主要是为了形成堤坝表层的防蚁层，以预防白蚁的垂直进入危害。

(2)深层打孔灌药。可用粗 18~20 mm、长 3~4 m 的钢锥，在堤坝背水坡钻孔，孔距 0.5 m，排距 0.5 m，孔深 1.5~2 m，孔排列呈梅花点状，然后向孔内灌注药剂或含有药剂的泥浆。深层钻孔灌药可以防治和控制白蚁在堤坝内部的发展。

打孔灌药可以灭杀浅层的白蚁，并可形成一段时间的保护层，让堤坝表层土壤在一定时间内有气味，使有翅成虫无法打洞营巢生存。

3.2.3 喷粉灭蚁法

喷粉灭治是一种当前常用的堤坝白蚁防治方法。当在堤坝上发现有白蚁形成的泥被、泥线时，用螺丝刀撬开泥被、泥线，如有白蚁在泥被、泥线内活动，则将白蚁灭杀粉剂喷在白蚁身上。若在堤坝上发现有分飞孔，则在白蚁分飞前把粉剂喷洒在分飞孔内，使在分飞孔内活动的白蚁沾上药粉，并带回巢内，通过白蚁个体间的相互清理行为，将药物传递到整个群体，导致整巢白蚁全部死亡。喷粉时要注意，每次不要喷得太多，以免堵塞蚁道，影响带药粉的白蚁回巢。

3.2.4 防蚁墙

在大坝两端与山坡接头处，从背水坡反滤坝以上至上游正常蓄水位的堤坝表层向下，开挖深宽 0.5~0.6 m 的沟槽，沟内可采用药土或 1∶9 的石灰土夯实筑墙，阻隔邻近白蚁挖掘蚁道蔓延到堤坝内部。防蚁墙仅仅只能起到在土壤内部阻隔白蚁往堤坝方向蔓延危害的作用，要完全防止白蚁在堤坝内滋生，还需配合其他措施。

3.3 诱杀法

3.3.1 饵剂诱杀

白蚁活动隐蔽，种群数量众多，并且堤坝白蚁的防治又有一定的特殊性，常规防治方法往往难以达到理想的效果。饵剂诱杀法操作简单，针对性强，成本低，效果佳，近年来被广泛应用于堤坝白蚁防治。

饵剂诱杀技术充分利用了白蚁的社会行为特点，它无须向有白蚁危害场所大量喷洒药剂，而是用饵料把白蚁引诱出来，取食饵器内含有慢性杀蚁剂的毒饵，并在死亡之前通过交哺和抚触把有效的毒剂量传给种群内其他的个体，最终导致整个种群灭亡。

饵剂诱杀一般在白蚁尚未对堤坝造成较大危害时期进行，主要操作方法有以下几种：

(1)在泥被、泥线内施药。凡是查找到有白蚁活动的泥被、泥线，用树枝轻轻挑开，将 1~2 条药条放进去，再用树叶、厚纸等物盖好。也可不用挑开泥被、泥线，直接将药条放在泥被、泥线上面，再覆盖好。在泥被、泥线处施放药条时，注意不要过度破坏泥被、泥线，尽量保持原状，操作动作要迅速，避免影响白蚁的正常取食活动。

放药的时间最好是在白蚁取食活动的盛期进行，如气温高时，应在早、晚进行；气温低时，在中午进行。一般是在下午太阳落山的时候施药，翌日早晨检查白蚁取食的效果。若放药后突然下雨，冲走泥被、泥线和药条，或者人畜破坏掉，或天敌侵入等原因造成白蚁未食药条，就要及时检查进行补施，或变换位置重新施药，或转移位置。

(2)分飞孔内施药。在白蚁分飞季节中，仔细地查找白蚁的分飞孔，向孔内塞药条并盖好孔口，压紧，再用泥土覆盖。放药条的分飞孔要标记清楚，以便检查灭蚁效果。万一操作有误或有特殊原因造成白蚁跑掉而未食药条时，可转移位置或补施药条。

(3)蚁道内施药。凡是有白蚁活动的蚁道，不论蚁道大小，均可施放药条。

总之,用灭蚁诱饵条灭杀堤坝白蚁,无论用何种形式施药,灭杀白蚁的效果都是非常理想的。

3.3.2 光诱杀

光诱杀法是利用有翅成虫的趋光性,在白蚁繁殖分飞季节的夜晚,在蚁患区和蚁源区安置诱杀灯诱集繁殖蚁集中灭杀,以防止和控制减少白蚁营建新巢。诱杀灯应安置在距堤脚 30~50 m 处或适当的位置,灯距 50~100 m,根据白蚁密度,可设置 1~2 排。在诱杀灯下放置盛水容器,并清除容器周围 10 m 内的杂草,后喷洒农药处理土壤,防治未落入水中的有翅成虫入土繁殖。也可在堤坝附近水面上设置白炽灯,灯泡高度距水面 0.1~0.5 m。白蚁飞近时,可掉落水中溺毙,或者被水中鱼类捕食。

3.3.3 灭蚁监控技术诱杀

灭蚁监控技术是根据白蚁生物学特性及其取食习性,运用预防和灭治相结合、诱杀和直杀相结合的全面技术,在坝体设置地上与地下蚁情监控系统,达到消灭水库上的成熟群体,持续有效地控制白蚁幼龄群体向成熟群体发展的目的。

3.3.3.1 地上蚁情监控法

用白蚁喜食的木桩,长 0.3~0.5 m,粗 5~10 cm,打入坝坡面,每隔 25~30 m 一根,按大坝每级坡布置 2~3 排,呈"品"字形,一个月后可进行检查,发现有白蚁蛀食木桩,便可进行开挖找路,也可在桩周围设药条或诱杀包诱杀。引诱桩要与引诱坑相互交叉部署,一处桩、一处坑,明、暗结合,久旱无雨检查引诱坑,多雨湿度大检查引诱桩,能收到较好的预防效果。也可将白蚁喜食植物捆成束堆放在白蚁可能出没的部位,经过一段时间定期翻看,发现白蚁即灭杀。

3.3.3.2 地下蚁情监控法

在水库背水坡分层布置从上至下呈"品"字形的地下蚁情监控网。每处挖深 30 cm、长 40 cm、宽 30 cm 的引诱坑,坑内堆放诱饵块,然后用塑料板或混凝土板盖住坑口,表层用泥土覆盖,恢复坝坡原貌。地下引诱坑与地表引诱桩相互交叉,间距 25~30 m 一处。然后做好标记,记录桩号、高程,定期观测,若发现白蚁,则做定点灭杀处理,如此,能收到较好的发现白蚁和灭杀效果。

3.3.3.3 白蚁监测站

白蚁监测站是装有饵料,用于监测白蚁活动的装置。白蚁监测站安装数量应结合堤坝工程平面布置和白蚁种类、危害程度确定。安装位置应根据堤坝工程具体情况，可安装在大坝的背水坡、坝脚及两岸山体或堤防堤身、护堤地等部位。安装间距视白蚁危害程度和白蚁监测站产品说明书要求确定，一般可选择梅花形布置，间距 3~10 m。

安装深度以埋入地表以下为宜。对人为活动较为频繁、管理条件较差的安装环境，监测站可选择埋设在地表以下，并在其上覆盖 30~50 mm 厚的土。应定期对埋入地下的监测站进行检查和维护。检查次数和时间应根据防治区域内白蚁危害程度、蚁种、白蚁种群数量及活动规律、堤坝工程环境、季节特点、饵料消耗等情况确定，每年检查次数不少于 5 次；检查并记录监测站内白蚁活动迹象、数量及活动频率；更换损坏的监测站及监测站内发霉、腐烂的饵料；清除监测站四周的灌木、杂草，清除内部泥土、树根、草根；根据安装区域四周的土壤、绿化等环境发生的变化，调整安装位置或增减监测站的数量。

检查发现白蚁活动后，可采取在监测站内喷施药物或者直接投放饵剂灭杀白蚁。投放饵剂的监测站应及时检查并添加饵剂，当投放饵剂在两周内消耗完时，宜在其四周 0.5 m 范围内添加监测站 1~3 个。

3.4 灌浆法

灌浆灭杀堤坝白蚁通常有两种形式：一种是将化学药物混入泥浆中灌浆，可以起到毒杀坝内白蚁或预防白蚁入土营巢的作用；另一种是在采用挖巢法、无损探测法等不同方法灭治完白蚁后进行回填，或向蚁巢、空腔、蚁道内灌浆，主要是对堤坝起到加固作用，此种方式的泥浆中可以不混入化学药剂。

3.4.1 造孔灌浆

在堤坝上造孔时，根据坝体的宽度造两排或三排孔，孔间呈交叉排列。堤坝上有涵洞时，造孔深度控制在距涵洞上壁 1 m 处。在制浆时，将药剂与泥浆充分搅拌均匀后进行灌浆。灌浆结束后，应随即将灌浆孔清理干净。灌浆预防后，应对预防效果进行检查，检查在白蚁活动的旺季进行。灌浆毒杀也可结合日常的锥探灌浆同时进行。

3.4.2 锥探灌浆

锥探灌浆因其设备及施工工艺简单、锥灌合一、机动灵活、便于操作、易于掌握、工效高及造价低等优点，经多年实践证明，效果好，所以至今仍在广泛使用。

3.4.2.1　**造孔方法及准备工作**

锥探灌浆先由锥探机造孔，钻孔一般布置在堤顶上，钻孔的排距和孔距为2~3 m，呈梅花状布置。造孔完毕后，要准备妥灌浆设备，如灌浆泵、打泥机、搅拌桶、灌浆管路等，灌浆前要进行灌浆材料的配制和浆液物理性能的测定，必要时需对钻孔进行注（压）水试验，掌握其可灌性。

3.4.2.2　**灌浆材料的选择**

锥探灌浆要求浆料具有足够的流动性，易于注入蚁穴内；具有适当的凝固时间，在灌注过程中不凝固堵塞，在灌注后又能较快地凝固；凝固时，体积收缩量小，析出水分量小；凝固后，能与蚁穴壁的土体胶结牢固，能与堤身成为紧密的整体；均匀性和稳定性较好，灌浆时不发生沉淀和析水。黏土是堤防锥探灌浆的主要材料。对砂基砂堤可在黏土中掺入少量的水泥（一般为干料重的10%左右），以增加凝固速度，减少浆液凝固后的体积收缩，增强与堤身土料的胶结力等。如果堤身内缝穴较大，吸浆量很大，可在浆液中加入干料重5%~10%的均匀细砂，以减少体积收缩。浆液的稠度直接关系到灌浆质量的好坏，一般浆液的稠度愈小，流动性愈大，可灌性愈好，但凝固速度慢，析水多，体积收缩也愈大，从而降低灌浆质量。根据实践，浆液的稠度采用2：1到1：1（水：干料）较为适宜。

3.4.2.3　**灌浆工艺及方法**

堤防锥探灌浆一般的施灌工艺流程如图3-1所示。

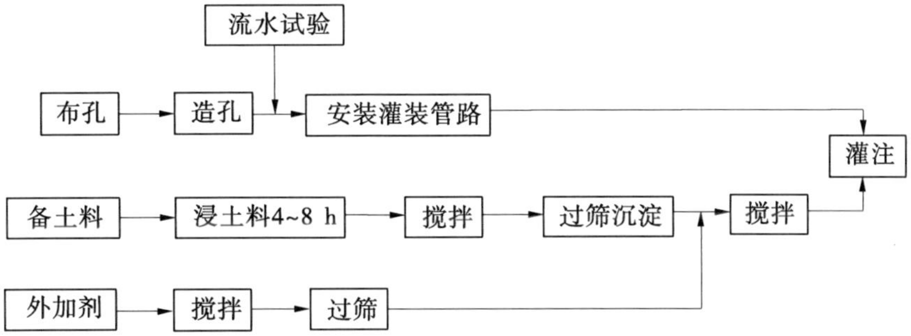

图3-1　施灌工艺流程

3.4.2.4　**锥探灌浆施工中的注意事项**

灌浆时应对灌浆孔附近的堤坡、堤脚及邻近孔做好仔细检查，观察有无漏水、冒浆、开裂和土体隆起等现象；灌浆工作必须连续进行，如不得不中途停灌，应立即清洗灌孔，并尽快恢复灌浆；当邻近孔串浆时，可同时在串浆孔灌浆；灌浆时，如发现堤脚冒浆、堤身开裂或旧裂缝扩大及堤身隆起等现象，应立即停灌,及时进行研究处理;冬季施工时应对灌浆材料、设备等采取保温措施;第一次灌浆结束后,应对吃浆量较大的孔进行复灌,以弥补上次浆液凝固过程的脱壳缺陷;灌浆结束后,应对灌浆机械及管路用压力水冲洗干净。

3.5 药物管理

堤坝白蚁防治中在进行药物防治时应防止污染水源,注意保护环境,尤其在地表应用水源一级保护区,禁止使用剧毒和高残留农药。堤坝工程白蚁防治药物的使用应贯彻"安全环保"的原则,高效低毒,对人畜无害,符合国家环保要求。所用药物应符合国家和地方的规定,取得农药登记证(登记范围包括白蚁防治)、农药生产许可证、农药生产批准文件、产品质量合格证。药物的使用浓度和使用剂量应符合药物产品标签或说明书的要求,不同类型的药物不得擅自混配使用。

施工过程中,根据当地气候、土壤、地下水及现场的具体情况,需要对施工药物的使用浓度、剂量进行调整的,应严格掌握,确保其有效成分含量保持不变,并做好详细记录。

用于堤坝工程白蚁防治的药物应符合下列要求:对白蚁防治效果好,同时在农药登记证中注明可用于土壤处理;与土壤颗粒结合力好,使用后在土壤中不易移动,持效期较长;非易燃易爆,干燥后难溶于水,不易挥发;药物的储存、运输、使用过程中,应符合有关药物管理制度,用完后,应按照环境保护法规的有关规定,妥善处理废水、废渣、废容器,严防药物失控。

第4章 白蚁巢穴无损探测技术——探地雷达法

4.1 探地雷达的适用性

探地雷达技术是近几十年发展起来的一种探测地下目标的有效手段，是一种无损探测技术，与其他常规的地下探测方法相比，具有探测速度快、探测过程连续、分辨率高、操作方便灵活、探测费用低等优点，在工程勘察领域的应用日益广泛。

探地雷达采用天线向探测目标发射高频脉冲电磁波来进行探测。由于白蚁蚁巢和水库填筑材料介电常数的差异性，相邻结构层不同的介电特性，造成反射信号的强弱不同，并且电磁波在传播过程中会于分界面上发生反射。于是根据探测数据的差异特点，可以推算出蚁巢的具体位置及分布规律。作者通过多年的研究和现场试验，总结出了探地雷达法用于探测堤坝白蚁巢穴的一整套技术。

采用探地雷达无损探测技术，寻找堤坝白蚁巢穴，相对于传统的挖巢法，具有快捷有效、省时省力的优势。工作过程按照实施的先后顺序依次为：测线布置与数据采集、数据处理、数据分析、定位巢穴位置和深度。下面将对探地雷达堤坝白蚁巢穴探测关键过程和应用方面做详细介绍。

4.2 探地雷达的数据采集技术

堤坝工程地域的不同使得堤坝所处的工程地质条件各不相同，进而堤坝修建时，其填筑材料的处理和施工也有较大差异。因此，在进行探测之前，首先根据堤坝的具体情况选择合适的布测方式和数据采集方法，才能获得准确有用的测量数据。

堤坝白蚁巢穴探测流程如图4-1所示。

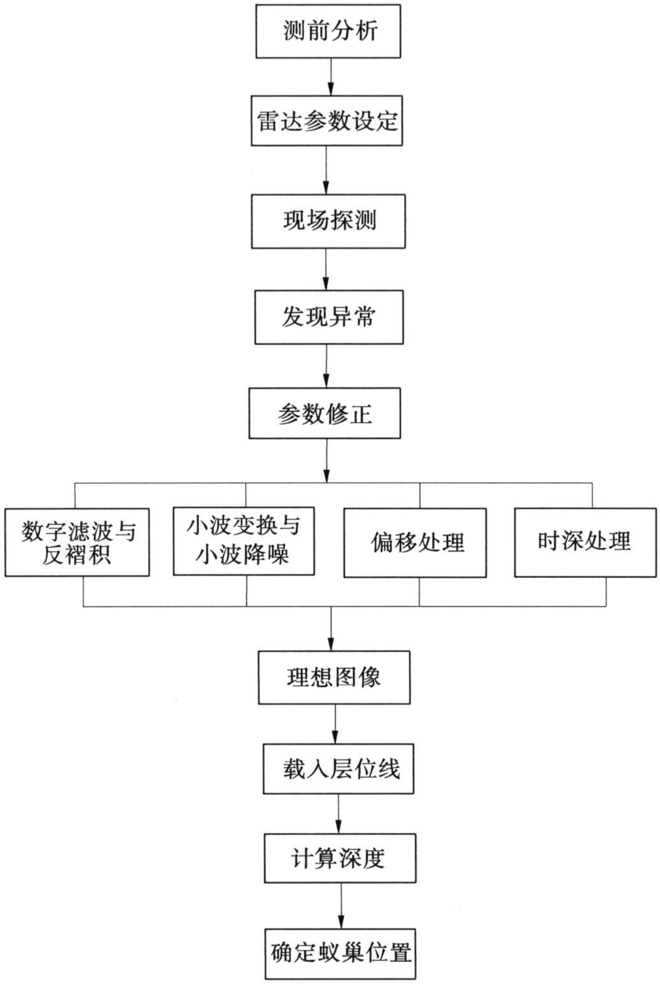

图 4-1　堤坝白蚁巢穴探测流程

4.2.1　测前准备

为了顺利有效地实施探地雷达现场探测，需要对探测目标体对象的特点加以分析和预估，根据分析结果拟定探测前的准备工作。测前分析工作主要从以下几个方面展开：

(1)探测目标体的深度。根据现场的实际情况和蚁巢的开挖情况来判断蚁巢的可能埋深。

(2)探测目标体的几何形态、大小与取向。

白蚁蚁巢的分布没有特定的规律的,并且蚁巢随着时间的增加,其大小及数量也是呈递增的趋势,具体的埋深和蚁巢的形态如图 4-2 所示。

图 4-2 白蚁蚁巢巢穴埋深及形态

4.2.2 测线布置

探测工作实施之前的另一首要任务是建立测区的坐标系统,以便对测线进行规划和布置,并确定测线的最终平面位置。测线的布置需要遵循一定的布置原则,具体如下:

(1)当探测目标体分布是随机的,且没有规律可循时,应采用网格测量方式。

(2)当探测目标体的体积有限时,应先用大网格小比例尺初步确定目标体的大致位置,再用小网格大比例尺测网详查其具体位置(注意分析介质属性)。

4.2.3 测量参数的设定

采用探地雷达进行实地探测时,需要根据具体探测目标体的特点和所处地质环境选择合适的测量参数,主要包括天线中心频率、时窗宽度、采样频率和扫描速度等。

4.2.3.1 天线中心频率

选择天线中心频率时,通常要考虑三个主要因素:设计的空间分辨率、杂波的干扰和探测深度。一般情况下,在探测场地条件许可的情况下,首先满足分辨率的要求,应尽量使天线的中心频率较低。如果要求的空间分辨率为 x(单位:m),材料相对介电常数为 ε_r,则可由下式选定天线的中心频率 f_c:

$$f_c > \frac{75}{x\sqrt{\varepsilon_r}} \tag{4-1}$$

大量实践表明，采用高频天线探测具备精度高的优势，然而正是由于高频天线精度高的特点使得能量扩散较大，从而使得探测深度较浅；反之，低频天线探测的精度虽低，却拥有较深的探测深度。雷达实际进行探测中，为便于实施探测，并兼顾探测深度和分辨率两个方面，常采用中高频结合的天线进行同时探测。

4.2.3.2 时窗宽度

探地雷达的时窗宽度与探测深度有关，一般根据测深来确定。探测实施前选用的时窗宽度与探地雷达的探测深度存在正相关的关系，即雷达探测越深，则选用的时窗宽度应该越长；探测越浅，则选用的时窗宽度应该越短。实际操作时可以根据具体探测目标体来进行相关的估算。根据估测的最大探测深度 H 和地层电磁波速度 v 或介电常数 ε_r 来估算采样的时窗宽度 w。若已知蚁巢的深度约为 20 cm，介电常数为 16，代入公式 $w = 1.3\,\frac{2H}{v} = 2H\sqrt{\varepsilon}/0.3$，计算得 $t = 5.28$ ns，则时窗长度应选 10 ns，在时窗选择时宜稍有富余，这是考虑到地层速度与目标深度的变化留出的余量。

4.2.3.3 采样频率

从统计学角度上来说，雷达水平采样频率越密，剖面上越能详细地反映堤坝内部白蚁巢穴的情况，因而整体评价堤坝白蚁巢穴的精度越高。然而在实际探测中会因为采样频率过密而使得雷达探测速度降低，同时数据采集量的加大使得探测雷达的工作强度和成本大大提高。在实际探测中，探地雷达的探测速度和数据量都是不容忽视的。综合考虑上述因素，在实际的应用中，以每间隔 1 m 接收一条扫描为宜。

4.2.3.4 扫描速度

探地雷达的天线在水平方向上移动时每秒扫描的次数称为扫描速度。探地雷达的每一次扫描都能得到一幅回波波形的数据信息，由此可见，探地雷达的扫描速度越高，实际探测时每秒获得的数据信息量就越大，因此一般希望设置的扫描速度上限尽可能高一些。除要考虑水平分辨率和记录数据量两个因素外，采样点数参数选择也影响着扫描速度的选择。实测时，高速扫频的持续使用很可能会折减探测仪器的使用寿命，而且考虑到模数转换速度和数据量大小等，当采样点数确定后，首先满足水平分辨率要求，然后可参考表 4-1 对扫描频率适当选取。

表 4-1　采样点数与扫描速度的关系

采样点数(道)	256	512	1 024	2 048
可选道数(s)	16/32/64	16/32/64	16/32	16/32

在采用探地雷达进行连续测量时,天线的最大移动速度受到三个因素的综合影响:扫描速率、天线宽度和目标体尺寸大小。鉴于工程实际要求,至少保证有 20 次扫描经过被测目标体,由此得到天线的最大移动速度 v_{max}应满足下式:

$$v_{max} < (\text{扫描速率}/20) \times (\text{天线宽度} + \text{目标体大小}) \qquad (4\text{-}2)$$

4.2.3.5　天线的极化方向

天线的极化方向(也称偶极天线的取向)是对目标体进行探测的一个重要方面。当采用不同极化方向的雷达电磁波对目标体进行探测时,一方面可以确定被测目标体的形状;另一方面可以研究被测目标体的固有性质。实际探测经验表明,采取不同的天线极化方向,最终获得的电磁波图像不同,其背景也存在较大的差异。

4.2.4　介电常数的估计

探地雷达是通过电磁波的形式进行探测的,需要考虑电磁波在地下介质中传播的两个重要参数:介电常数 ε 与传播速度 v。它们是估计被测目标体埋藏深度与穿透介质层厚度的基础,也是后期采集的数据成像和识别等处理手段所必需的参数。

介电常数估计值的获取一般是通过计算来实现的,常用的计算方法主要包括层剥反演估计法、电磁反演估计法和高精度校准测量法。考虑到这三种方法的计算复杂、工作量大等不利于现场操作的特点,在实际工作中,一般根据多次的现场试验和开挖来验证介电常数。

4.3　探地雷达的数据处理技术

由于受环境中电磁信号、探测仪器本身噪声和地下介质的复杂性等因素的影响,探地雷达在探测过程中接收的信号,会产生除地层信息以外的许多其他干扰因素,从而降低了信号的信噪比,增加了与实际情况的不符合程度,探测结果变得不准确。所以,在利用雷达数据资料进行分析解释之前,采用数据处理技术来消弱干扰波信号是非常必要的，从而可以提高信号的信噪比。数据处理是解释雷达剖面图像的重要步骤。数据处理包括文件预处理、增益调整、滤波和成图等处理环节，最终得到各测线的探测结果图。基本流程如下：输入数据—编辑数据—数字滤波和反褶积—偏移处理—时深转换—编辑图形—输出剖面图。

下面详细介绍主要处理流程的实现过程。

4.3.1 编辑数据

数据编辑的过程一般包括打开文件、切分文件、剖面截取等步骤。鉴于原始数据中难免存在错误操作、疏漏或冗余数据等情况，针对这些问题，编辑数据就是对数据进行重新组织和修改。在完成数据编辑后，需进行数据的复位和地形改正。若遇到信号幅值变化较大的情况，还应对信号幅值进行归一处理。数据编辑是最基本的步骤，尤其是处理大量数据资料的情况下，必须经过系统的编辑整理后，才能做其他处理和分析。雷达图像数据编辑界面如图 4-3 所示。

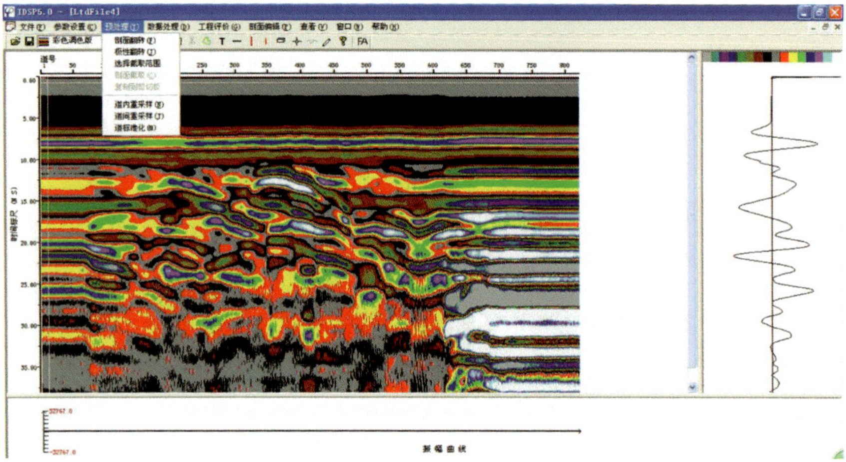

图 4-3 雷达图像数据编辑界面

4.3.2 数字滤波和反褶积

数字滤波，即运用数学运算的方式对离散后的信号 $x(i\Delta t)$ 进行滤波处理，因此数字滤波的输入和输出都是离散数据，探地雷达的数据记录是以一系列离散的时间序列数值 $x(i\Delta t)$ $(i=0,1,2,\cdots,n)$ 的形式进行表示。

鉴于探地雷达的最高有效频率f_{max}，为一直保持这一最高有效频率，在探地雷达测量时，采样间隔必须满足采样定律。

$$\Delta t \leqslant \frac{1}{2f_{max}} \tag{4-3}$$

数字滤波，作为一种信号处理方法，包括时域滤波和频域滤波。该方法主要根据数据图中有效信号和干扰信号频谱范围的不同来消除干扰波的。数字滤波的主要目的是去掉数据中干扰和噪声成分，从而保留和加强有用信号。实际收集的数据信号往往混杂着有用信号和干扰信号，处理时仔细分析信号频谱，并且需要多种滤波手段结合进行，以取得最佳效果。根据干扰信号频谱的不同分布，可以采取低通、高通或带通的方法。图 4-4(a)为原始雷达探测数据，图 4-4(b)为经过滤波处理后的数据，对比分析可知信噪比得到明显的提高。

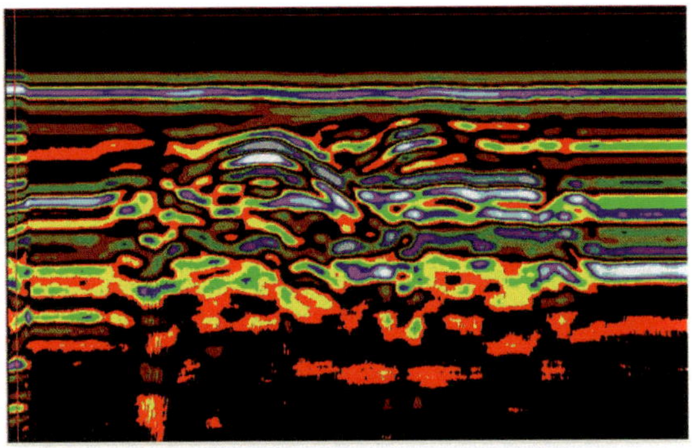

(a)数字滤波处理前的雷达反馈剖面图

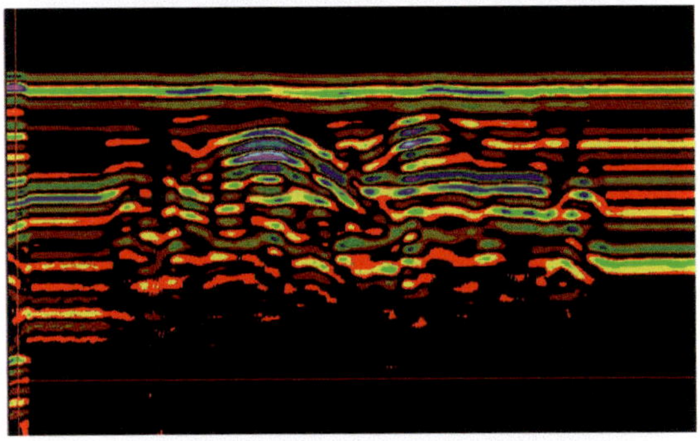

(b)数字滤波处理后的雷达反馈剖面图

图 4-4　数字滤波处理前后的雷达反馈剖面图

4.3.3 小波变换与小波降噪

目前小波变换在图像和信号处理等领域的应用比较广泛。对于瞬态非平稳信号分析、目标信号检测、目标识别和信号降噪等方面而言,小波变换可以发挥非常重要的作用。小波变换的优点在于它可以通过多尺度,按照不同频率去分解信号中的各个子信号成分,并将其释放到不同的子空间之中,进而分辨出被测信号任意部位的频率分量。于是就实现了对被处理信号的多分辨分析和识别,并能有效拾取强度微弱的信号。

小波变换用于信号降噪处理的步骤如下:

(1)先利用小波对信号进行分解,在分解后的高频部分中通常包含噪声。

(2)基于噪声的先验理论,设置门限阈值,处理小波系数。

(3)重构处理后的系数。

实践证明,小波变换是一种可以有效去除雷达信号噪声的信号处理技术,能够达到去伪存真的效果。即尽最大程度地还原信号,并保持信号尽可能小部分失真,而且能够对于那些被噪声湮没的信号的局部细节部分有恢复还原的效果。

4.3.4 偏移处理技术

偏移处理即偏移归位处理,是地震资料数字处理中用来提高分辨率的重要处理技术。鉴于探地雷达方法与反射波地震方法的相似性,可将偏移技术应用到探地雷达资料的处理中。因为雷达记录相对真实地下构造而言,不是完整无缺的复制,而只是一个歪曲模糊化的复杂图像。为了修正记录或剖面上的复杂现象,使反射波正确归位,绕射波自动收敛,可引入偏移处理技术使记录图像的分辨率得到提高,得到与地下构造原像极为相似的图像,如图 4-5 所示。

4.3.5 时深变换技术

利用求取地下介质中电磁波的传播速度和时间求取探测深度的过程,即时深变换,通过公式 $h = v \times \frac{T}{2}$ 来进行时深换算。探地雷达探测资料数据处理,是一种结合数学、物理、信号处理、计算机技术和工程地质知识的综合处理方法,需要紧密联系具体问题、实际检测资料以及试验对比进行,要整体考虑各种处理参数及处理流程的所有组合试验,才能获得最佳参数和流程,计算工作量大、难度高。通过对探地雷达的探测资料进行数据处理,实现了对于原始

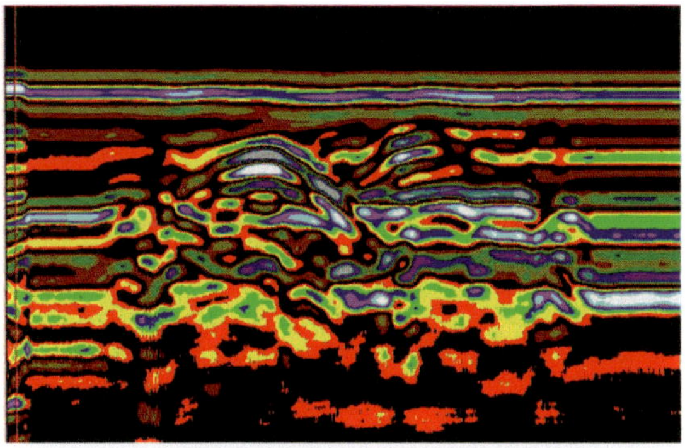

(a)偏移处理前的雷达反馈剖面图

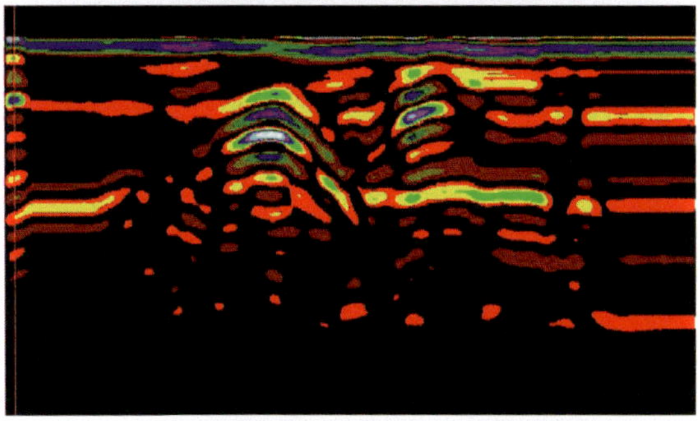

(b)偏移处理后的雷达反馈剖面图

图 4-5　偏移处理前后雷达反馈剖面图

接收数据的筛选和剔除,可以得到信噪比较高的数据信息。然而,除此之外,还需要结合地质资料和工程结构信息尽量剔除假异常,得到真实的地下结构信息,使雷达探测结果尽最大程度与工程真实情况相对应。

4.4　探地雷达探测白蚁巢穴实例分析

作者通过选取不同填坝材料的坝段进行现场试验分析,涉及均质土坝、杂填土坝和沙土坝三种类型。探地雷达技术在不同填筑材料坝段进行探测的时候参数的设置也随之改变。

为了使白蚁巢穴能在探测的雷达图像上有一个直观、清晰的显示,通过对堤坝现场环境、土壤的介电特性和蚁巢巢穴的介电特性的研究,得出了探地雷达技术应用于水库白蚁探测的参数优化组合。如表 4-2 所示。

表 4-2　不同填坝材料探地雷达探测参数组合

<table>
<tr><th rowspan="2">天线频率</th><th rowspan="2">坝段介质</th><th rowspan="2">雷达数据采集方式</th><th rowspan="2">测线布置</th><th colspan="2">时窗（ns）</th><th rowspan="2">采样频率</th><th rowspan="2">扫描速度</th><th colspan="2">介电常数</th><th rowspan="2">偏移距（cm）</th><th rowspan="2">发射幅度（V）</th></tr>
<tr><th>干土</th><th>湿土</th><th>干土</th><th>湿土</th></tr>
<tr><td>400 MHz</td><td>均质土</td><td>连续采样</td><td>网格布置（测线间距 1 m）</td><td>40</td><td>100</td><td>512</td><td>32</td><td>6.4</td><td>8.6</td><td>15.2</td><td>60</td></tr>
<tr><td>400 MHz</td><td>杂填土</td><td>连续采样</td><td>网格布置（测线间距 1 m）</td><td>35</td><td>85</td><td>1 024</td><td>64</td><td>6.4</td><td>8.6</td><td>15.2</td><td>60</td></tr>
<tr><td>400 MHz</td><td>沙土</td><td>连续采样</td><td>网格布置（测线间距 1 m）</td><td>40</td><td>80</td><td>512</td><td>32</td><td>5</td><td>25</td><td>15.2</td><td>60</td></tr>
</table>

不同填坝类型坝段雷达探测蚁巢位置如表 4-3 所示。蚁巢雷达探测深度与实际深度对比图如图 4-6 所示。

表 4-3　不同填坝类型坝段雷达探测蚁巢位置　　（单位：cm）

填坝类型	探测蚁巢下部深度	探测蚁巢下部深度	实际蚁巢上部深度	实际蚁巢下部深度
均质坝段	60	75	58	81
	45	55	46	59
	45	60	43	62
	40	55	46	65
	35	50	39	53
	30	50	36	49
	35	60	38	61
	40	60	45	57
	50	70	53	68
	50	65	49	63
	65	80	73	86
	70	90	73	102
	40	50	47	59
	45	60	43	67
	60	70	53	72
	80	110	83	109
	60	80	64	76
	70	80	69	83
	40	60	47	61
	70	100	76	92
	60	80	56	75

续表 4-3

填坝类型	探测蚁巢上部深度	探测蚁巢下部深度	实际蚁巢上部深度	实际蚁巢下部深度
杂填土坝段	35	50	39	53
	30	50	36	49
	35	60	38	61
	40	60	45	57
	50	70	53	68
	50	80	56	83
	60	80	64	76
	70	80	69	83
	50	70	52	76
	45	60	43	67
	50	65	49	63
	30	60	33	65
	40	50	47	59
砂土坝段	50	65	49	63
	30	50	36	49
	60	80	64	76
	45	60	47	66
	60	75	58	81
	45	60	43	62
	80	95	83	97
	60	75	63	81
	40	60	47	61
	55	70	59	76
	40	60	45	63
	50	65	54	71
	45	60	48	65
	65	80	73	86
	50	70	52	74
	70	90	73	95
	60	70	53	72
	45	55	46	59

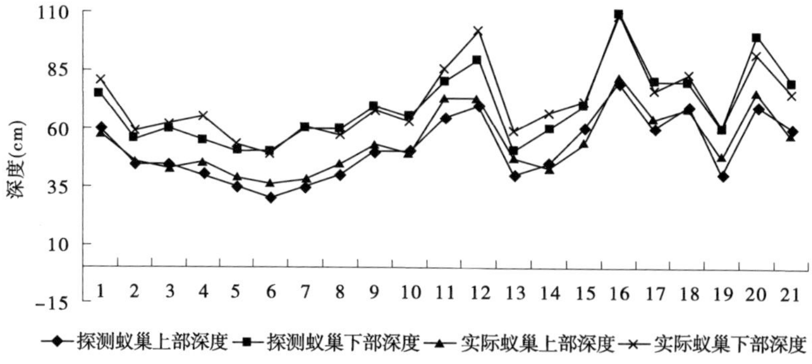

(a)均质坝段

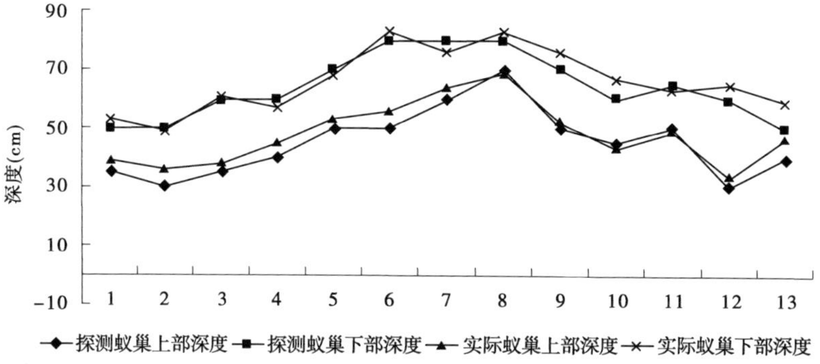

(b)杂填土坝段

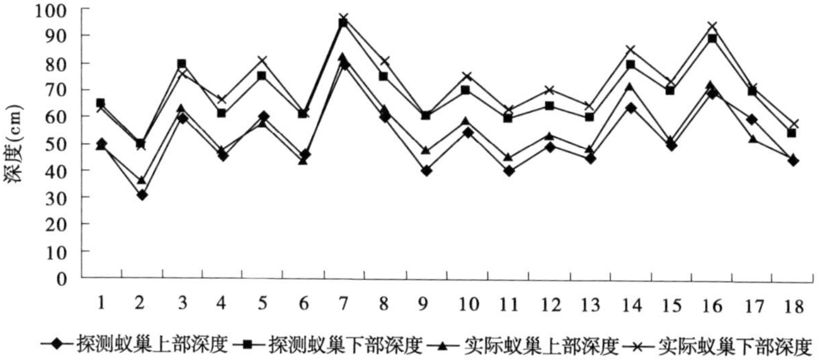

(c)沙土坝段

图 4-6　蚁巢雷达探测深度与实际深度对比图

部分雷达探测典型图像及开挖验证如图 4-7 所示。

<table>
<tr><th>填坝材料</th><th>雷达图像</th><th>开挖验证</th></tr>
<tr><td rowspan="3">均质坝段</td><td>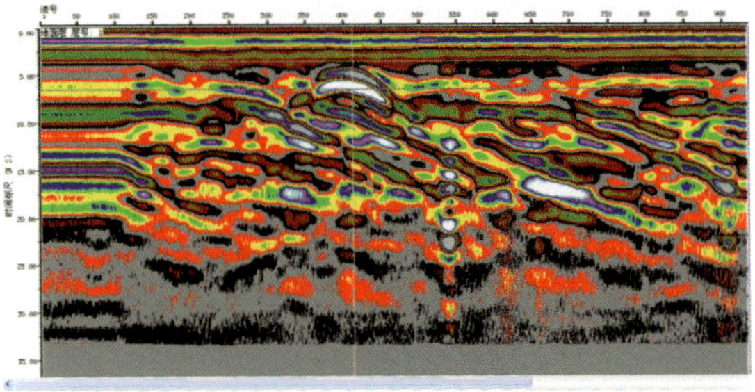</td><td></td></tr>
<tr><td>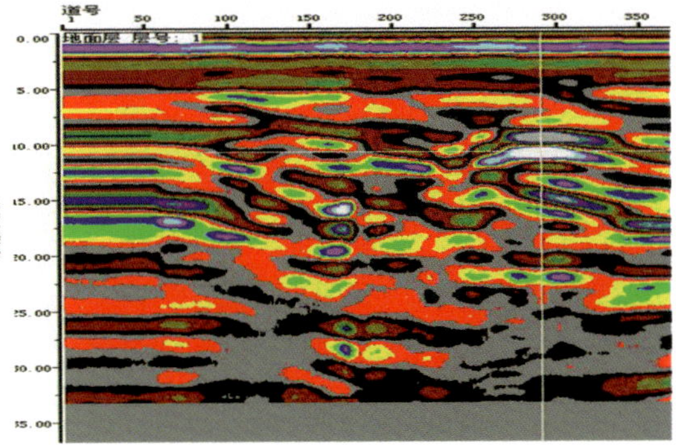
</td><td></td></tr>
<tr><td>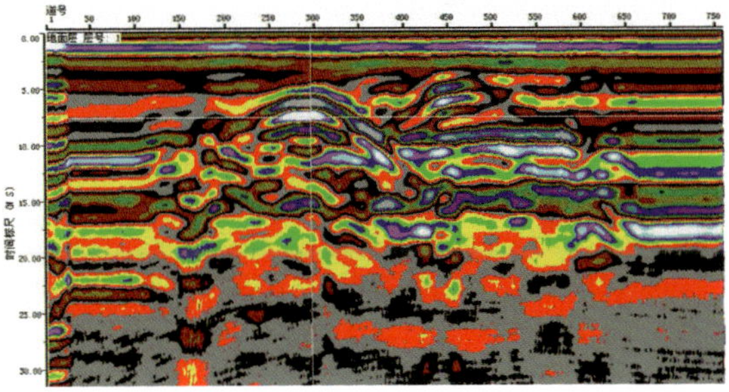</td><td></td></tr>
</table>

图 4-7　部分雷达探测典型图像及开挖验证

<table>
<tr><th>填坝材料</th><th>雷达图像</th><th>开挖验证</th></tr>
<tr><td rowspan="3">杂填土坝段</td><td>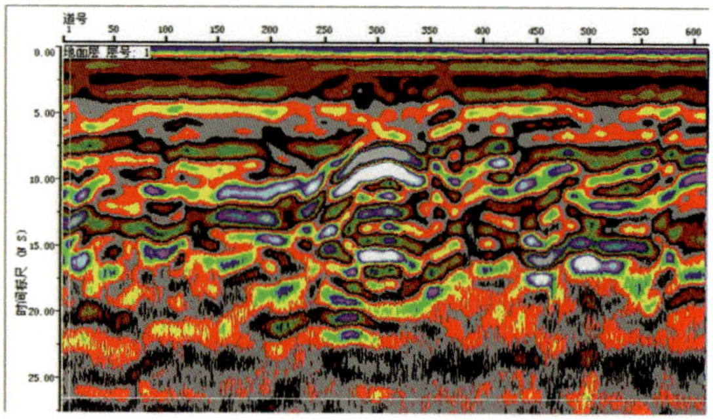
</td><td></td></tr>
<tr><td>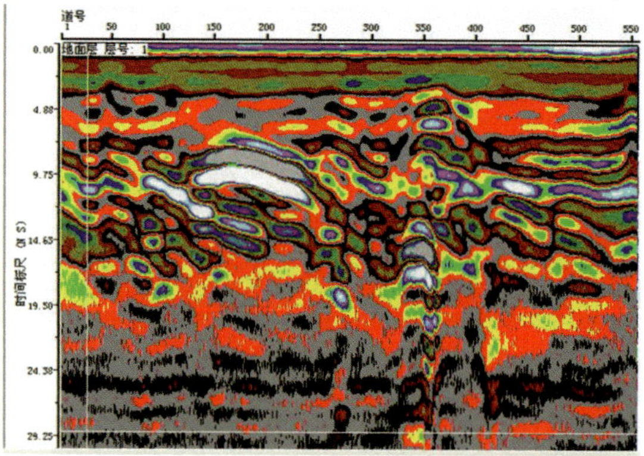
</td><td></td></tr>
<tr><td>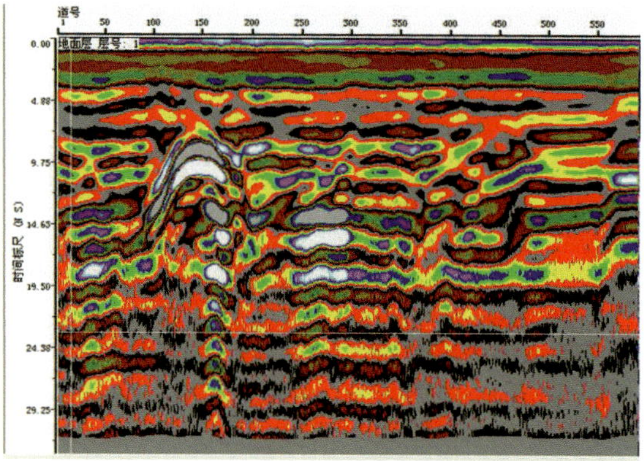
</td><td></td></tr>
</table>

续图 4-7

填坝材料	雷达图像	开挖验证
沙土坝段	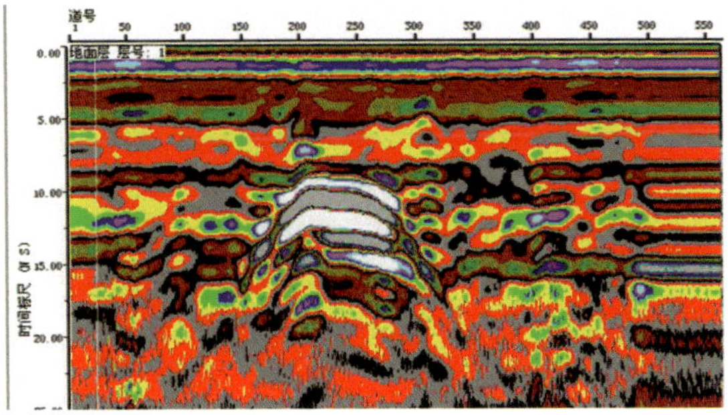	
	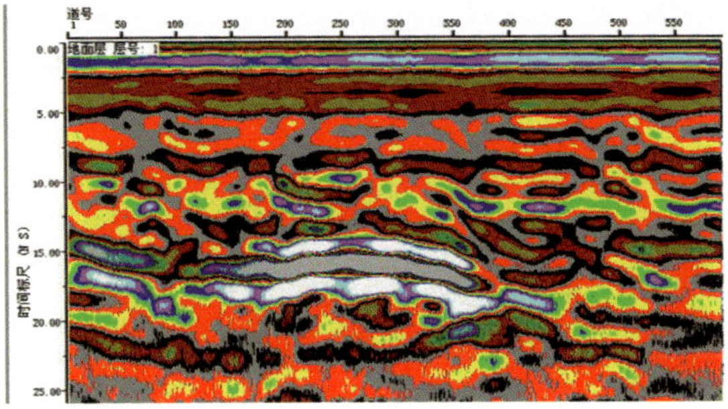	

续图 4-7

第 5 章　白蚁巢穴无损探测技术——高密度电阻率法

高密度电阻率法是以地下被探测目标体与周围介质之间的电性差异为基础，人工建立地下稳定直流电场，依据预先布置的若干道电极采用预定装置排列形式进行扫描观测，研究地下一定范围内大量丰富的空间电阻率变化，从而查明和研究有关地质问题的一种直流电法勘探方法。

5.1　高密度电阻率法基本原理

高密度电阻率法的工作原理是基于垂直直流电测深、电测剖面和电阻率层析成像，通过高密度电阻率法测量系统中的软件，控制着在同一条多芯电缆上布置连结的多个（60～120）电极，使其自动组成多个垂向测深点或多个不同深度的探测断面，根据控制系统中选择的探测装置类型，对电极进行相应的排列组合，按照测点位置的排列顺序或探测断面的深度顺序，逐点或逐层探测，实现供电和测量电极的自动布点、自动跑极、自动供电、自动观测、自动记录、自动计算、自动存储。通过数据传输软件把探测系统中存储的探测数据调入计算机中，经软件对数据处理后，可自动生成各测深点曲线及各断面层或整体地电断面的图像。

5.1.1　垂直直流电测深

直流电测深法是研究指定地点岩层的电阻率随深度变化的一种检测方法。该方法是在地面上以测点为中心，从近到远逐渐增加观测装置距离进行测量，根据视电阻率随极距的变化可划分不同电性层，了解垂直分布，计算其埋深及厚度。

5.1.2　电测剖面法

电测剖面法就是在供电和测量电极保持一定距离，按一定的探测深度，沿着测线方向逐点进行观测，获得电阻率曲线，以此反映一定深度内电性层的变化情况，即电阻率剖面法是研究岩层电阻率在一定深度范围内的水平方向上物性变化的探测方法。

5.1.3 电阻率层析成像

所谓层析成像，就是从调查对象各个方向，收集其内部大量的投影数据，用其反映目标体内部的物性值分布，作为断面再构造图像的一种技术。最早的层析成像起源于医学中的 X 射线层析成像 CT。电阻率层析成像(简称成像)是利用探测区周围在各个方向观测的直流电场来研究地下介质电阻率分布。在介质中发射一次电流，由于地下介质的不均匀性，使得一次电流的分布发生变化，这一变化又引起电位的改变。介质中空间变化的电位，在地面和井孔中都可观测到。将观测到的电位转换成电阻率，通过多方位观测得到的投影数据资料，故最终能进行电阻率层析成像。

高密度直流电法仍然是以地下介质电性差异为基础，研究在施加电场的作用下地下传导电流的分布情况，求解简单地电条件的电场分析时，通常采用解析法，即根据给定边界条件，解以下偏微分方程：

$$\nabla^2 U = -\frac{I}{\sigma}\delta(x - x_0)\delta(y - y_0)\delta(z - z_0) \tag{5-1}$$

式中：x_0、y_0、z_0为源点坐标；x、y、z 为场点坐标。当 $x \neq x_0$，$y \neq y_0$，$z \neq z_0$时，即只考虑无源空间时，式(5-1)变为拉氏方程：

$$\nabla^2 U = 0 \tag{5-2}$$

解析法能够计算的地电模型非常有限。在研究复杂地电结构的异常分析时，主要还是采用各种数值模拟方法(有限单元法、有限差分法、积分方程法、边界元法等)。例如，对于二维地电模型，选用了点源二维有限元方法，对于三维地电模型，则选用了面积积分方程。

5.2 高密度电阻率法的电极装置及测量

高密度电阻率法可以根据不同的勘探对象和地质条件选择不同的装置形式或组合，其常见的电极装置有温纳四级、偶极和微分装置，电极组合方式如图 5-1 所示。

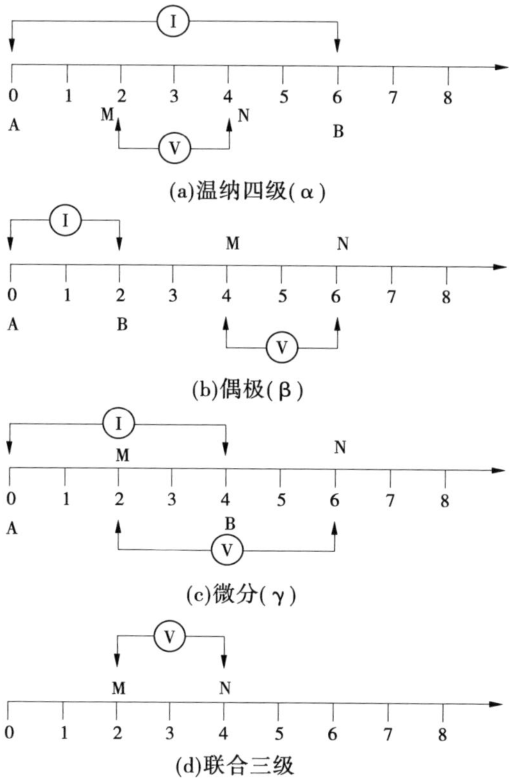

图 5-1 电极组合方式

上述几种装置形式在实际工作中可以同时选择,也可以选择其中 1~2 种。一般而言,不同装置对地质体的异常反应大致相同,但又具有不同的特点。在实际勘测工作中,可以根据勘测对象、地形条件的不同来选择相应的装置,以达到最佳的勘测效果。

5.3 高密度电阻率法对蚁巢病害探测的适用性与技术要求

5.3.1 高密度电阻率法对蚁巢探测的适用性

高密度电阻率法工作原理是以岩土体的电性差异为基础的一种电探方法,根据在施加电场作用下地中传导电流的分布规律,推断地下具有不同电阻率的地质体的赋存情况。

水对介质电阻率的影响较大，介质含水越丰富，电阻率就越低，应用高密度电阻率法很容易探测到介质电阻率的差异，从而推测出介质含水情况。蚁巢是由白蚁用体液和黄土筑成的椭球体，巢内为空的。因此，蚁巢的电阻率比其周围土壤高几十倍，与周围土壤相比是一个明显的局部高阻体，因此可以采用高密度电阻率法进行探测。

5.3.2 高密度电阻率法的优点

(1)从实际应用例子来看，高密度电阻率法能够探测到埋深在 4 m 以内、直径 0.6~1 m 大的白蚁主巢，效果较好。

(2)高密度电阻率法测量系统可采用密集的电测深点距，数据信息采集量大，高密度反演成果图颜色分明，层次清晰，比较直观。反映的地质信息更加丰富、全面，更接近实际。

(3)使用三维高密度电阻率法勘探系统探测白蚁主巢，将有助于提高工效。

(4)尽管高密度电阻率法能够探测到白蚁主巢，但专业白蚁防治人员的现场调查和经验将有助于确定靶区，加快普查速度。

5.3.3 高密度电阻率法的局限性

(1)相对于探地雷达，高密度电阻率法的分辨率较低，对于体积较小的蚁巢探测效果较差。

(2)高密度电阻率法探测方法需要人工布设电极，每次测线的布置和转移耗时较长，相对于探地雷达探测速度较慢。

(3)对于深度比较浅的蚁巢探测，由于地表干扰较大，例如存在碎石等干扰物，比较难以准确判断。

5.3.4 技术要求

5.3.4.1 工作布置

高密度电阻率法的工作布置应符合下列规定：

(1)测量点距应根据探测对象的大小和埋深确定，装置长度宜大于探测对象埋深的 4 倍。

(2)观测装置沿测线移动时，每次移动的距离应保证勘探深度范围内数据连续。

(3)测量剖面应超出勘探测线两端各 1/3 装置长度。

5.3.4.2　**数据采集**

高密度电阻率法的数据采集应符合下列规定:

(1)采用温纳、偶极、梯度等多种观测装置时,严禁采用相互换算的数据作为观测数据。

(2)测量应采用极化较小的同一种电极和正负交替的供电方式供电。

5.3.5　结果图示

高密度电阻率法可形成大量的成果图件,它们可以直观、形象、生动地反映地电断面的电性分布和构造特征。

高密度电阻率法的成果图件有以下几种:

(1)各种参数(ρ_s^α、ρ_s^β、ρ_s^γ 以及其他方法处理对应的参数)的等值线断面图。

(2)各种参数的分级断面图(灰度图)。

(3)各种参数不同隔离系数的剖面图。

5.3.6　分析解释原则

数据资料分析解释的原则有以下几个:

(1)异常的定性解释。分析对比各种参数断面图,正确区分正常场和异常场,根据参数等值线梯度变化密集程度确定异常大致分布特征。

(2)异常的定量解释。定量解释的方法主要有特征点法、数值模拟法等。解释的目标体与围岩电阻率都应较均匀,对于几何形态近似为规则体(球、柱、板状等)的,可采用经验公式确定其规模及埋深。对于不规则勘探对象,可利用二维反演方式进一步确定异常源的空间分布特征。

(3)地质推断解释。合理利用定性解释和定量解释的结论,结合地质情况,最终做出地质推断解释。

5.4　高密度电阻率法典型图像汇总

选取某水库大坝坝段进行高密度电阻率法的蚁巢无损探测,并对探测的异常点进行了开挖验证,其典型图像如图 5-2 所示。

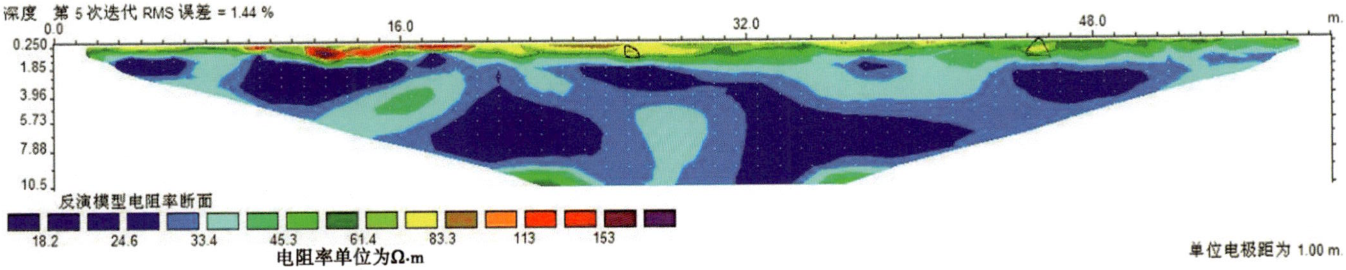

(a) A_1(距渠顶 1.7 m)

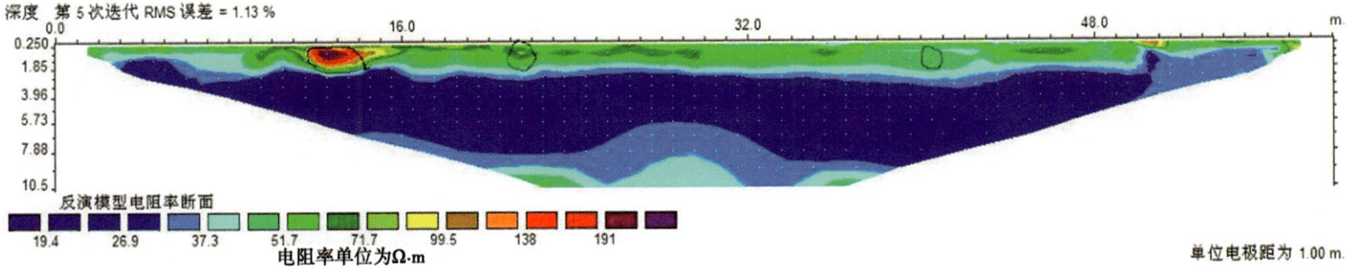

(b) B_1(距渠顶 2.7 m)

图 5-2　高密度电阻率法典型图像

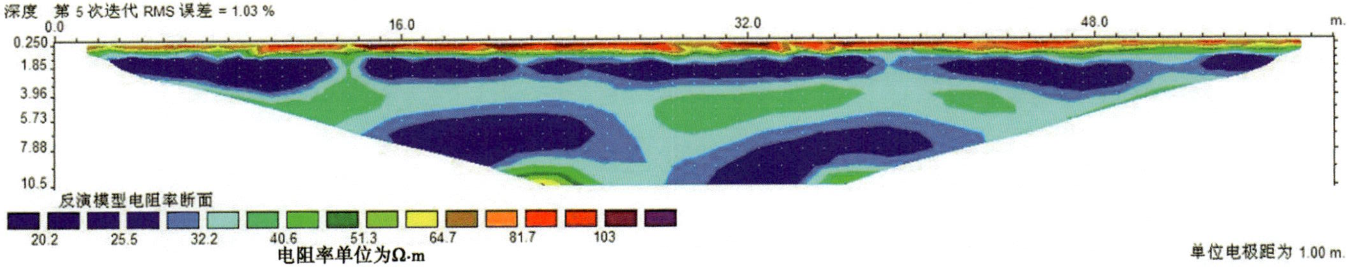

(c) C_1(距渠顶 3.7 m)

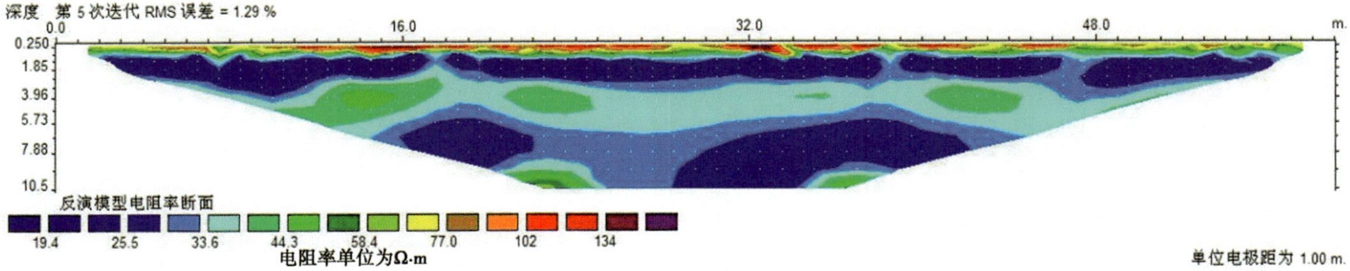

(d) D_1(距渠顶 4.7 m)

续图 5-2

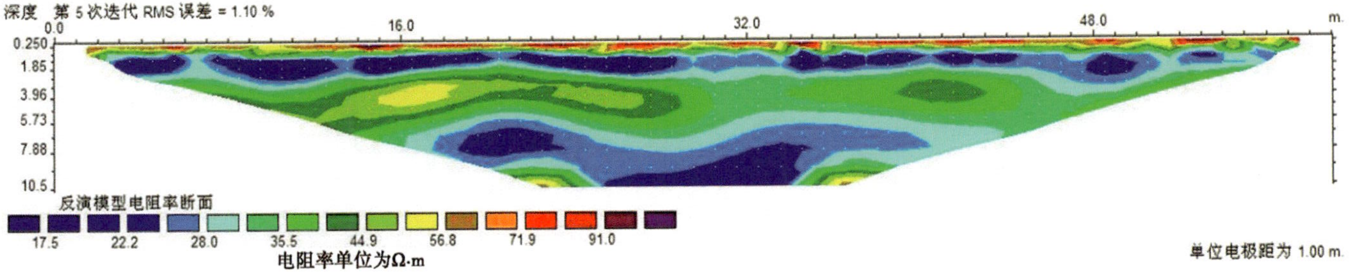

(e) E_1(距渠顶 5.7 m)

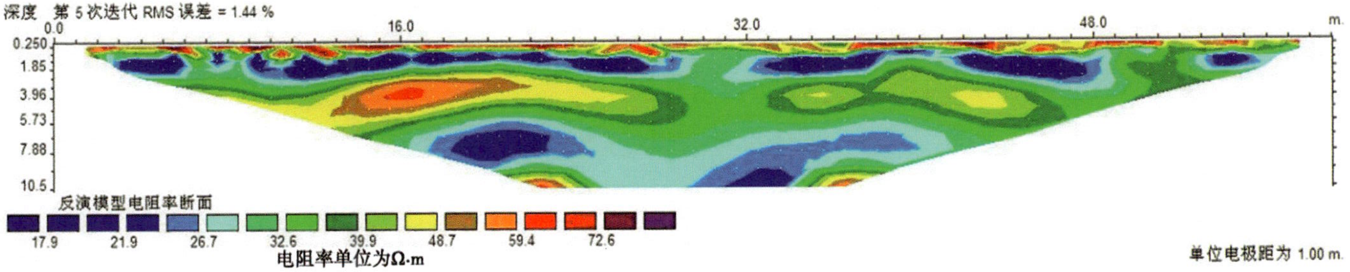

(f) F_1(距渠顶 6.7 m,3+454～3+514)

续图 5-2

第6章　河南省水库大坝白蚁危害情况

河南省自古中天下而立，名山雄峙，河流纵横，平原广阔，气候温和，雨量适中，土壤适宜种植，是我国历史上开发最早的地区之一，史称中华民族的摇篮，南宋以前曾几度成为中华民族政治经济文化活动的中心地域。

河南省地跨长江、淮河、黄河、海河四大流域，位于黄河中下游地区，处于我国第二阶梯向第三阶梯的过渡地带，同时也是我国南北气候的过渡地带，气候温和，植被丰富，良好的自然条件比较适宜白蚁的生存和繁衍。近年来，受全球气候变暖和白蚁繁殖周期规律的影响，白蚁危害在河南省北移情况非常明显。

2015年6月水利部发布了《水利部办公厅关于加强水利工程白蚁防治工作的通知》，根据通知精神，要充分认识水利工程白蚁防治工作的重要性和紧迫性，进一步明确水利工程白蚁防治工作职责，认真做好水利工程白蚁危害排查等基础工作，深入开展水利工程白蚁防治技术研究和技能培训，严格规范水利工程白蚁防治市场行为。要务必克服麻痹侥幸思想，把白蚁防治作为水利工程管理的重要基础工作，认真抓好、抓实，水利工程主管部门要定期组织开展白蚁危害专项排查工作，逐库、逐堤摸清白蚁种类、活动规律、发展趋势、危害程度等，并造册存档。排查工作要深入细致，做到全面覆盖。排查工作的周期要根据白蚁危害的实际，原则上3～5年一次。各地要按照“以防为主、防治结合、综合治理”的原则，在专项排查的基础上，组织督促水管单位有计划、有步骤地开展白蚁防治工作。防治措施要因地制宜、实事求是，化学、物理、生物措施结合使用，注重水环境保护。

按照党中央、国务院的战略部署和水利部文件的要求，河南省水利厅开展了“2017年度河南省水库大坝白蚁普查”工作，对全省2 600多座水库大坝进行了蚁情普查。

6.1 河南省地理气候特征及水库大坝基本情况

6.1.1 河南省地理气候特征

河南位于中国中东部、黄河中下游，陆域面积16.7万km^2，全省介于北纬31°23′~36°22′、东经110°21′~116°39′，河南地势总体呈西高东低之势，北、西、南三面分别环绕太行山脉、伏牛山脉、桐柏山脉、大别山脉，沿省界呈半环形分布；中、东部为华北平原；西南部为南阳盆地，西部为豫西山地。

河南地势西、南部和西北部高，东、北部低。其基本地势是自西向东呈阶梯降低，由中山、低山、丘陵过渡到平原，其中丘陵过渡带短，山区洪水缺乏缓冲，直泻平原，极易造成洪水灾害，且垄岗、塬地往往切割很深，地高水低，缺少蓄水、保水条件，又极易形成干旱。河南省的地貌对暴雨、洪水和旱情的形成起到了推波助澜的作用。

全省河流跨长江、淮河、黄河、海河四大流域，其流域面积分别为2.77万km^2、8.61万km^2、3.60万km^2、1.53万km^2，流域面积10 000 km^2以上的河道11条，分别为黄河流域的黄河、洛河、沁河、淮河、沙颍河、洪汝河、涡河、卫河、漳河、唐白河、丹江。河道形态多上宽下窄，存在着不利于排泄洪涝的特性。黄河干流由于河床长期受泥沙淤积的影响，在郑州花园口以下形成世界上著名的“地上悬河”。淮河干流，上游山洪进入平原后，河道集水面积增加，由于受堤防的限制，泄水能力自上而下呈递减状态。卫河支流洪水峰量大，与干流的泄洪能力极不相称。

河南属暖温带至亚热带、湿润至半湿润季风气候。全省一般气候特点是冬季寒冷雨雪少，春季干旱风沙多，夏季炎热雨丰沛，秋季晴和日照足。全省年平均气温一般在12~16 ℃，1月-3~3 ℃，7月24~29 ℃，大体东高西低、南高北低，山地与平原间差异比较明显。气温年较差、日较差均较大，极端最低气温-21.7 ℃(1951年1月12日，安阳)；极端最高气温44.2 ℃(1966年6月20日，洛阳)。全年无霜期从北往南为180~240 d。年平均降水量为500~900 mm，南部及西部山地降水较多，大别山区可达1 100 mm以上，全年降水的约50%集中在夏季。

全省总体来说四季分明，温度适宜，光照充足，土地肥沃，适合农、林、牧、副、渔等各业发展，动植物资源丰富，具有白蚁快速大量繁殖的基础条件。特别是豫中南地区的长江和淮河流域交界处，属大陆性季风湿润气候，自然条件更为优越，适宜多种亚热带动植物生长，再加上全球温室效应影响，白蚁的活动范围逐步越过我国南北气候分界线——淮干向北至黄河与淮河区域蔓延，这也是河南省水库大坝受白蚁危害呈日益扩大之势的自然原因。

6.1.2 河南省水利工程建设基本情况

中华人民共和国成立60多年来，全省人民在各级党委和政府的领导下，进行了大规模的水利建设，截至2018年年底，河南省建成大、中、小型水库2 600余座，总库容420.17亿 m^3；560条流域面积100 km^2 以上的河道，全部进行了不同程度的治理，修建堤防1.95万km，其中5级以上堤防1.56万km；建成蓄滞洪区14处，设计滞洪总量37.55亿 m^3。平原地区低洼易涝、渍面积已治理3 112万亩，治理率达到98.7%；盐碱地面积已治理1 023万亩，治理率达到86%。

建成大、中型水闸365座，总蓄水能力2.44亿 m^3；建成橡胶坝153座，对改善城市供水条件和生态环境发挥了显著作用。全省拥有大、中型灌区335处，小型灌区36.8万处，固定提灌站1 223处，灌溉机电井120.49万眼，塘、堰、坝16万座，窖池27.79万座；各类灌溉工程有效灌溉面积达7 816万亩，其中旱涝保收田面积6 150万亩，高标准粮田4 587万亩，节水灌溉面积2 508万亩。初步治理水土流失面积3.85万 km^2，占水土流失面积的60%。建成大、中型水电站6座，总装机容量375万kW；农村水电站530座，装机容量49.3万kW，初步建成23个水电初级电气化县。

河南水利基础设施建设在防洪、灌溉、水电、水保、供水、生态修复等方面发挥了显著效益，保障了全省防洪安全、粮食安全、供水安全，改善了城乡的生态环境。水利基础设施建设，有效地减轻了洪水灾害。

6.2 河南省水库大坝白蚁蚁情普查工作开展情况

水库大坝白蚁蚁情普查是白蚁防治的基础工作，通过查阅水库大坝修建资料，了解修建历史、结构、水文等相关情况，结合水库大坝自然地理环境、白蚁的生态学特性，在白蚁活动盛期进行人工普查，蚁情严重的水库可采用仪器进行重点核查，为水库大坝白蚁防治工作提供基础信息。

6.2.1 由省水利厅下发文件，组织开展视频会议

2017年7月5日，河南省水利厅办公室发文《省水利厅关于开展2017年

度水库大坝白蚁危害调查工作的通知》,要求各省辖市、省直管县水利(水务)局、厅属大型水库管理单位等有关单位,对管辖范围内的水库大坝工程进行白蚁危害情况调查,并填写水库白蚁危害调查表和蚁情汇总表。

通过对全省水库大坝工程进行白蚁蚁情全面普查,汇总统计河南省水库大坝白蚁危害区蚁情危害现状表,并进行蚁情分级,摸清和掌握河南省白蚁蚁情现状,为下一步进行河南省水库大坝白蚁治理规划编制打下坚实基础。

同时,省水利厅防汛抗旱指挥部办公室(简称《省防办》在省水利厅视讯中心,召开了全省水库大坝白蚁危害调查工作视频会议,对全省省管水库、18地市和省直管县防办人员及工管人员进行了动员,会议要求大家认清水利工程白蚁危害的形势,认认真真、踏踏实实地开展白蚁危害调查工作。

6.2.2 白蚁普查微信交流群

结合通信技术和交流手段的发展,在省防办支持下,申请建立了“河南水利白蚁普查微信交流群”,为各地负责水库大坝白蚁调查工作的人员建立了实时交流平台,在这里可以发布最新的工作通知,通报调查工作的进展,发布白蚁调查相关的专业知识,分享调查心得,也可以对调查和填表过程中遇到的疑难问题进行交流、讨论。微信群的建立,使信息的传递更快捷、高效,大大促进了白蚁调查工作的开展,取得了非常好的效果。

6.2.3 协助普查

在白蚁蚁情调查过程中,结合各地的工作进度,由省防办、省水科院等单位专业人员组成了三支技术小组,在省防办统一安排部署下,深入各地调查一线,配合各地水库大坝白蚁蚁情调查工作的开展。

白蚁普查专业小组先后奔赴南阳、驻马店、安阳、新乡、焦作、济源、平顶山、洛阳等全省18个地市的100余座中小型水库,以及鸭河口水库、燕山水库、白龟山水库、小南海水库、陆浑水库、窄口水库、白沙水库等21座大型水库,实地了解河南省白蚁蚁害现状,以及各地在蚁害调查和白蚁蚁害治理方面的先进经验与技术手段,获得了丰富的第一手资料(见图6-1)。

6.2.4 现场培训

南阳市面积较大,水库数量众多,分布不均,时间紧,任务重,白蚁防治技术力量薄弱,南阳市水利局根据区域特点,在此次调查工作中,委托蚁情调查小组利用三天时间,在方城县、桐柏县和西峡县等地,组织邻近县水库管理技

图 6-1 白蚁现场普查

术人员进行白蚁普查与防治知识的现场集中学习(见图 6-2),通过现场学习和技术交流,参与学习的各县水利管理人员提高了对白蚁危害的认识,掌握了白蚁普查的方法,成为下一步进行全市范围白蚁普查的骨干技术力量。然后采用同样的方式,由各县水利管理单位组织骨干力量,带领各乡镇水库管理人员进行现场集中学习,掌握白蚁普查的技术和方法,由点带面,层层深入,采用这样的方式,提高了工作效率和普查工作的质量。

图 6-2 水库现场培训白蚁普查知识

6.2.5 专题培训

利用 2017 年全省大型水库管理培训会的机会,省防办委托白蚁防治专家进行了“水利工程白蚁危害与防治”专题培训,介绍了白蚁对水库的危害、白蚁的生活习性、危害水库的白蚁来源及查找方法、水库白蚁的预防及灭治方法,以及我国白蚁防治的发展趋势等内容(见图 6-3)。

图 6-3 “水利工程白蚁危害与防治”专题培训

6.2.6 调查表核查

对于各地上报的资料，省防办进行了详细的查阅、比对，并对其中蚁情不确定和蚁害等级不确定的水库大坝工程进行了详细的询问，并对部分水库进行了现场查勘。对于填写不规范或数据统计有误的单位，进行了进一步核实，对普查技术力量薄弱的水库管理单位和地区，先后安排技术人员进行现场指导，确保普查结果的真实、准确。

6.3 河南省水库大坝白蚁蚁情普查结果

截至 2017 年 9 月 26 日，全省有水库大坝蚁情调查任务的地区调查全部结束，调查表和汇总表也全部上报。本次全省水库大坝白蚁危害调查共收到汇总表 26 份、调查表 2 635 份，涉及全省大(1)型水库 4 座、大(2)型水库 17 座、中型水库 96 座、小(1)型水库 592 座、小(2)型水库 1 926 座，合计 2 635 座(见表 6-1)。

从普查结果(见图 6-4 ~ 图 6-7)看，本次全省水库大坝白蚁蚁情调查，共普查 2 635 座水库，其中有蚁库1 376座，达到重度危害 806 座，中度危害 222 座，轻度危害 348 座，蚁害率 52.2%，危害程度在重度以上的水库占发生蚁情水库的比例为 58.6%。

从分布的区域看，目前河南省水库大坝受白蚁危害的主要区域集中在黄河以南的信阳、驻马店、南阳、平顶山、许昌、郑州、三门峡、洛阳、济源和邓州、固始两个省直管县，这两个直管县分别属于南阳地区和信阳地区。

表 6-1　河南省水库大坝白蚁蚁情汇总

地区	总库数	有蚁库数	发现蚁害各等级数量			蚁害率（%）	说明
			重度	中度	轻度		
省管	4	4	2	2	0	100.0	
郑州	127	2	0	2	0	1.6	
开封	1	0	0	0	0	0	未发现
洛阳	153	4	0	4	0	2.6	
平顶山	140	114	48	47	19	81.4	
安阳	134	0	0	0	0	0	未发现
鹤壁	37	0	0	0	0	0	未发现
新乡	8	0	0	0	0	0	未发现
焦作	23	0	0	0	0	0	未发现
驻马店	177	137	45	23	69	77.4	
许昌	47	2	0	2	0	4.3	
济源	21	1	0	0	1	4.8	
三门峡	87	1	0	1	0	1.1	
南阳	544	330	124	94	112	60.7	
商丘	20	0	0	0	0	0	未发现
信阳	991	759	586	41	132	76.6	
汝州	26	0	0	0	0	0	未发现
邓州	17	5	2	1	2	29.4	
永城	1	0	0	0	0	0	未发现
固始	66	17	0	5	12	25.8	
巩义	7	0	0	0	0	0	未发现
新蔡	1	0	0	0	0	0	未发现
合计	2 635	1 376	806	222	348		1 259
占比（%）		52.2	30.6	8.4	13.2		

注：周口、漯河、濮阳、鹿邑、兰考、滑县、长垣无水库。

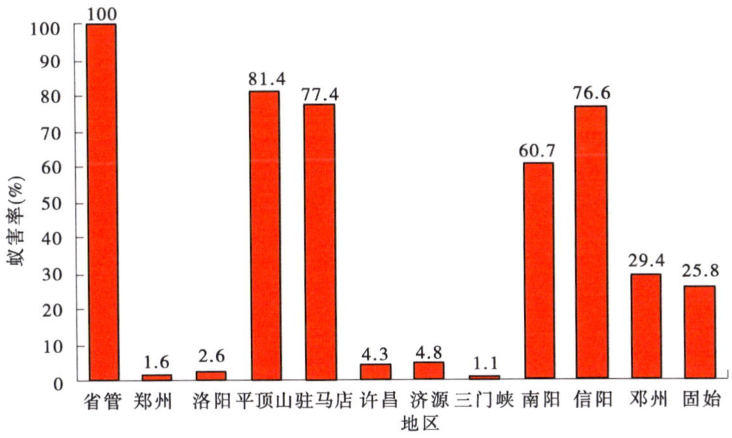

图 6-4　河南省各地区水库大坝蚁情严重程度

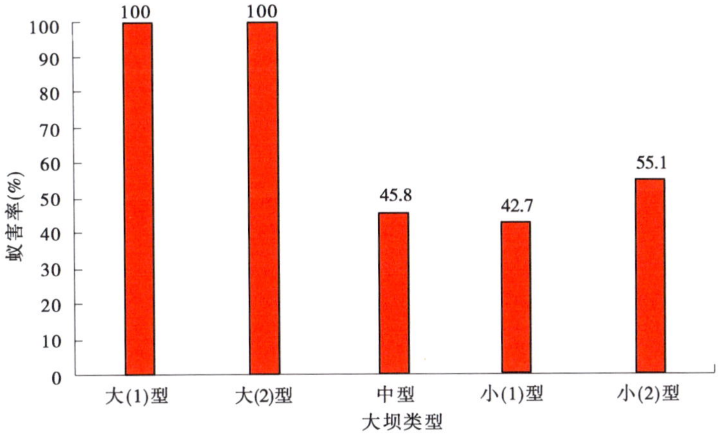

图 6-5　全省各类型水库大坝蚁害率

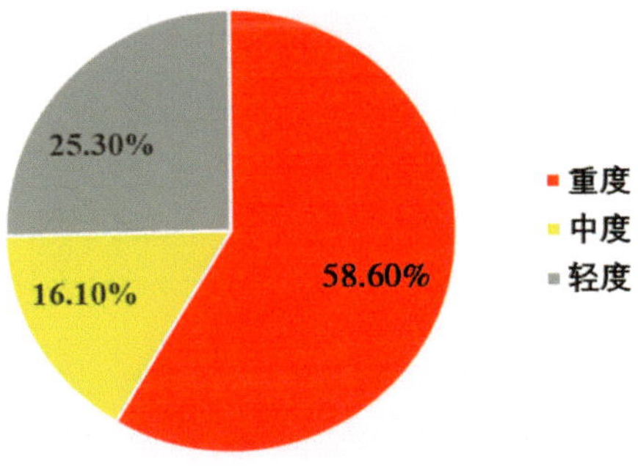

图 6-6　河南省水库大坝蚁情危害等级占比(占有蚁库数)

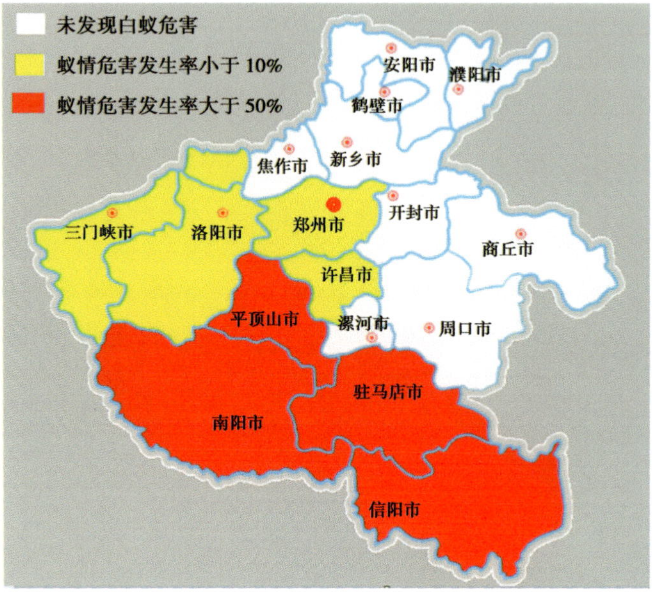

图6-7　河南省各地区水库大坝蚁情程度示意图

6.3.1　信阳市白蚁危害情况

信阳市位于河南省最南部，淮河上游，位于中国亚热带和暖温带的地理分界线（秦岭—淮河）上，属亚热带向暖温带过渡区，地处东经114°06′、北纬31°125′，地势南高北低。西部和南部为桐柏山、大别山，面积近7 000 km²，占全市总面积的37.1%，是长江、淮河两大流域的分水岭。

信阳河流众多，属长江、淮河两大水系。其中，淮河流域面积占全市总面积的98.2%，属长江水系的流域面积仅占1.8%。信阳年降水量1 300 mm左右，年均水资源总量90亿 m^3，人均水资源1 230 m^3，是河南省人均的3.2倍。全市有大型水库5座、中型水库15座、小型水库971座，总库容40.52亿 m^3，水资源总量占河南省总量的22%。

信阳日照充足，年均1 900～2 100 h；年平均气温15.1～15.3 ℃，无霜期长，平均220～230 d；降水丰沛，年均降水量900～1 400 mm，空气湿润，且寒冷期短，较为适宜白蚁的生栖繁衍。因此，信阳是白蚁危害发生较重的地区（见表6-2、图6-8、图6-9）。

表 6-2　信阳地区水库大坝白蚁危害调查汇总

水库类型	总库数	有蚁库数	蚁害率(%)	曾进行治理库数	各危害等级数量		
					重度	中度	轻度
大(1)型	1	1	100.0	1			1
大(2)型	4	4	100.0	4	4		
中型	15	12	80.0	8	11	1	
小(1)型	183	136	74.3	67	115	6	15
小(2)型	788	606	76.8	206	457	34	115
合计	991	759	76.6	286	587	41	131
占比(%)					59.1	4.1	13.3

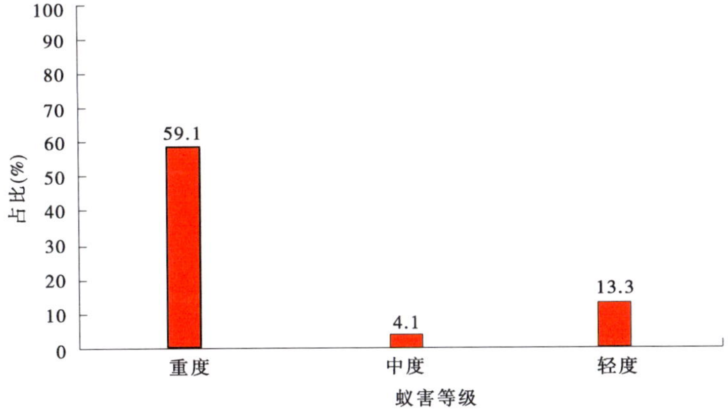

图 6-8　信阳地区水库大坝蚁情危害等级分布

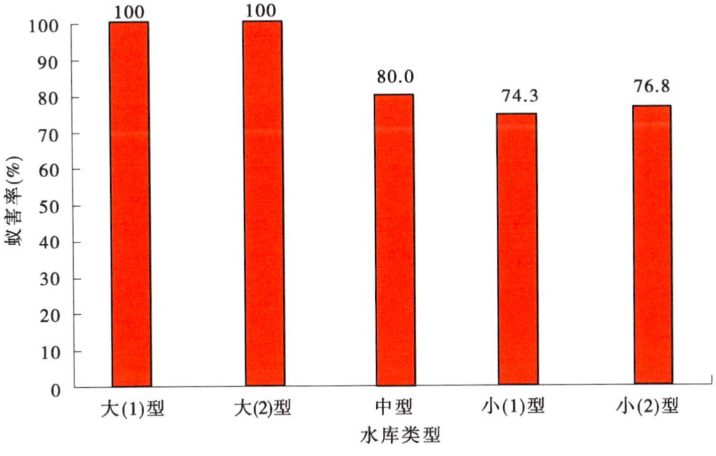

图 6-9　信阳市水库大坝各类型蚁情危害等级分布

6.3.2 驻马店市白蚁危害情况

驻马店市位于河南省中南部，地处北纬 32°18′～33°35′、东经 113°10′～115°12′。东西长 191.5 km，南北宽 137.5 km，总面积 15 083 km^2，占全省总面积的 8.9%。东与安徽省阜阳市接壤，西与南阳市相连，北与周口、平顶山和漯河交界，南与信阳市毗邻。驻马店市地处亚热带与暖温带的过渡地带，具有亚热带与暖温带的双重气候特征，是典型的大陆性季风型半湿润气候。阳光充足，热量丰富，雨量充沛，四季分明，温和湿润。驻马店市有大小河流 100 多条，水库 177 座，水面 52 万亩，年均水资源总量约为 63.6 亿 m^3。

驻马店市水库大坝白蚁危害调查结果如表 6-3、图 6-10、图 6-11 所示。

表 6-3 驻马店市水库大坝白蚁危害调查汇总

水库类型	总库数	有蚁库数	蚁害率(%)	曾进行治理库数	各危害等级数量		
					重度	中度	轻度
大(1)型	1	1	100.0	1	1	0	0
大(2)型	3	3	100.0	3	2	0	1
中型	9	7	77.8	6	4	1	2
小(1)型	33	32	97.0	22	14	4	14
小(2)型	131	94	71.8	67	24	18	52
合计	177	137	77.4	99	45	23	69
占比(%)					25.4	13.0	39.0

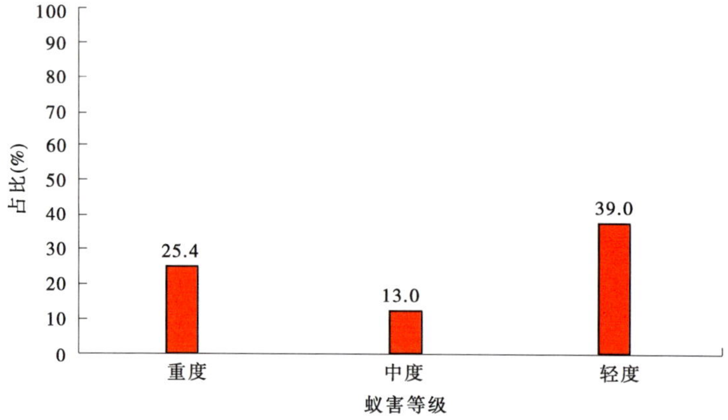

图 6-10 驻马店市水库大坝蚁情危害等级分布

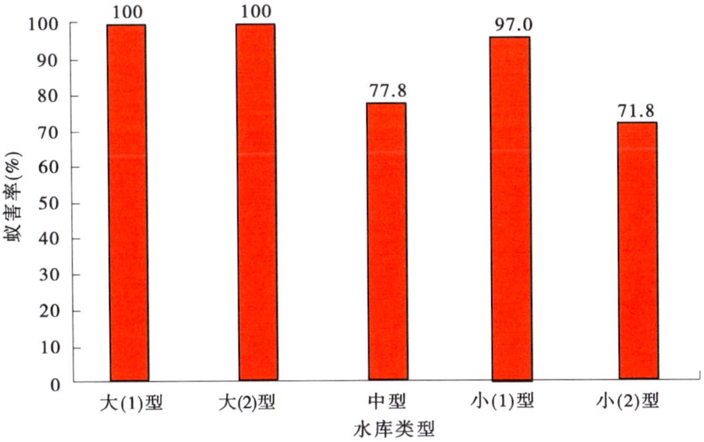

图 6-11　驻马店市水库大坝各类型蚁情危害等级分布

6.3.3　平顶山市白蚁危害情况

平顶山市位于河南省中南部,北临许昌,南接南阳。位于北纬 33°08′～34°20′、东经 112°14′～113°45′,以中心市区建在“山顶平坦如削”的平顶山下而得名。全境东西长 150 km,南北宽 140 km,总面积 8 802 km^2。中心市区位于北纬 33°40′～33°49′、东经 113°04′～113°26′,东西长 40 km,南北宽 17 km,面积 421.5 km^2。

平顶山市为大陆性季风气候,地处暖温带,春暖、夏热、秋凉、冬寒,四季分明,雨量充沛,光照充足。风向以偏南、西北、东北风最多,春夏盛刮偏南风,秋冬盛刮偏北风,常有来自西伯利亚的冷空气入侵。

平顶山市处于暖温带和亚热带气候交错的边缘地区,具有明显的过渡性特征。这一带冷暖空气交汇频繁,四季分明,气候温和,雨量充沛,无霜期长。全市年总日照时数为 1 800～2 200 h。年平均气温在 14.8～15.2 ℃;极端最低气温为 -11.3 ℃,极端最高气温为 38.1 ℃。无霜期 214～231 d,可满足农作物一年两熟。全市年降水量为 1 000 mm 左右,春季和秋季是比较适合到这里旅游的季节。

平顶山市有沙河、汝河、澧河、甘江河等 31 条河流,水库 140 座,库容 28 亿 m^3。

平顶山市水库大坝白蚁危害调查结果如表 6-4、图 6-12、图 6-13 所示。

表 6-4　平顶山市水库大坝白蚁危害调查汇总表

水库类型	总库数	有蚁库数	蚁害率（%）	曾进行治理库数	各危害等级数量		
					重度	中度	轻度
大(1)型							
大(2)型	2	2	100.0	3	2		
中型	6	5	83.3	2	2	3	3
小(1)型	39	27	69.2	11	14	12	1
小(2)型	93	80	86.0	46	30	32	18
合计	140	114	81.4	59	48	47	19
占比(%)					34.3	33.6	13.6

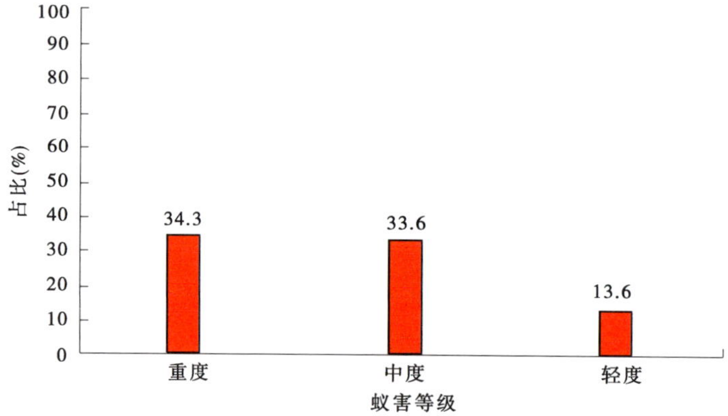

图 6-12　平顶山市水库大坝蚁情危害等级分布

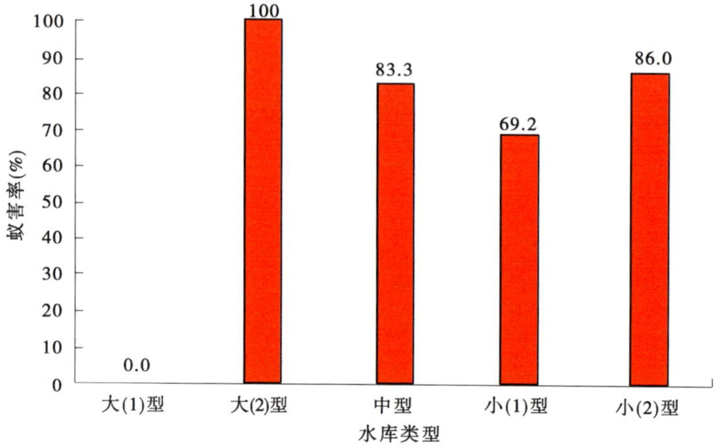

图 6-13　平顶山市水库大坝各类型蚁情危害等级分布

6.3.4 南阳市白蚁危害情况

南阳市地处亚热带向温带的过渡地带，属于季风大陆湿润半湿润气候，四季分明。春、秋时间 55 ~ 70 d，夏季 110 ~ 120 d，冬季时间 110 ~ 135 d。年平均气温 14.4 ~ 15.7 ℃，7 月平均气温 26.9 ~ 28.0 ℃，1 月平均气温 0.5 ~ 2.4 ℃。年降水量 703.6 ~ 1 173.4 mm，自东南向西北递减。年日照时数1 897.9 ~ 2 120.9 h，年无霜期 220 ~ 245 d。

南阳是南水北调中线工程核心水源地和渠首所在地，市内河流众多，分属长江、淮河、黄河三大水系，长度在 100 km 以上的河流有 10 条。南阳市主要河流有丹江、唐河、白河、淮河、湍河、刁河、灌河等，可供开采量约 8.58 亿 m^3，南阳市水资源总量 70.35 亿 m^3，水储量、亩均水量及人均水量均居河南省第一位。

南阳市水库大坝白蚁危害调查结果如表 6-5、图 6-14、图 6-15 所示。

表 6-5　南阳市水库大坝白蚁危害调查汇总

水库类型	总库数	有蚁库数	蚁害率（%）	曾进行治理库数	各危害等级数量		
					重度	中度	轻度
大(1)型	1	1	100.0	1		1	
大(2)型	1	1	100.0		1		
中型	20	14	70.0	9	7	5	2
小(1)型	78	49	62.8	1	26	11	12
小(2)型	443	265	59.8	4	90	77	98
合计	544	330	60.7	15	124	94	112
占比（%）					22.8	17.3	20.6

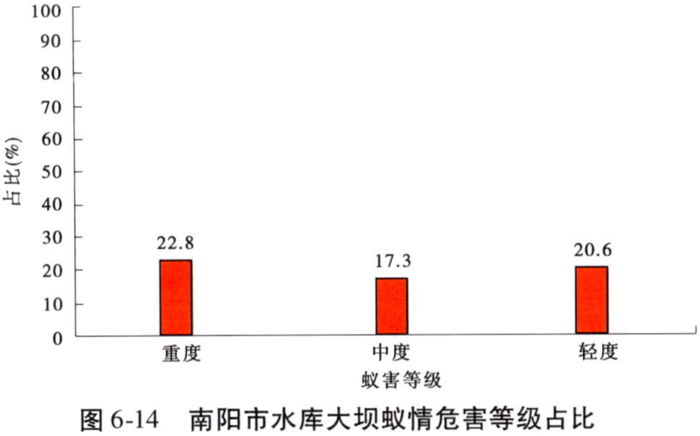

图 6-14　南阳市水库大坝蚁情危害等级占比

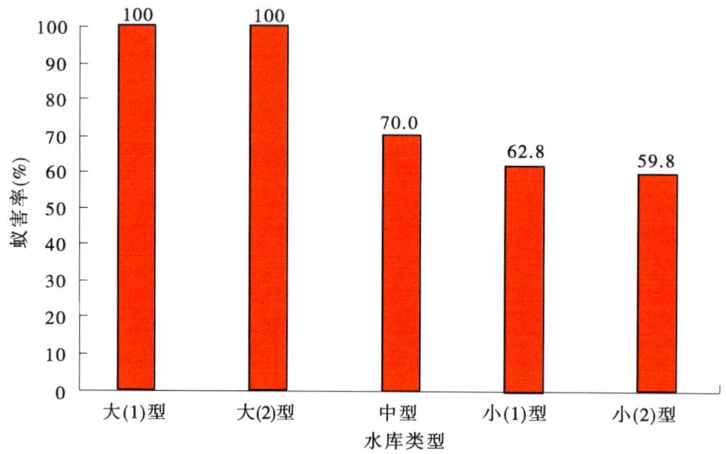

图 6-15　南阳市水库大坝各类型蚁情危害等级分布

6.3.5　郑州、洛阳、许昌、济源、三门峡地区

蚁情 5% 以下地区白蚁危害调查如表 6-6、图 6-16 所示。

表 6-6　蚁情 5% 以下地区白蚁危害调查汇总

序号	地区	总库数	有蚁库数	各蚁害等级数量			蚁害率（%）
				重度	中度	轻度	
1	郑州	127	2		2		1.6
2	洛阳	153	4		4		2.6
3	许昌	47	2		2		4.3
4	济源	21	1			1	4.8
5	三门峡	87	1		1		1.1

从各地区白蚁发生情况看，信阳、驻马店、南阳、平顶山四个地区是河南省白蚁蚁情危害最为严重的地区，发生白蚁危害的历史也长，白蚁防治工作有一定的基础。上述地区处于河南省南部，气候特征更适宜白蚁生存，是目前白蚁防治工作重点区域。而郑州、洛阳、许昌、济源、三门峡五个地区是本次普查首次发现白蚁危害的区域，并且紧靠黄河南岸，是下一步白蚁监控工作的重点。

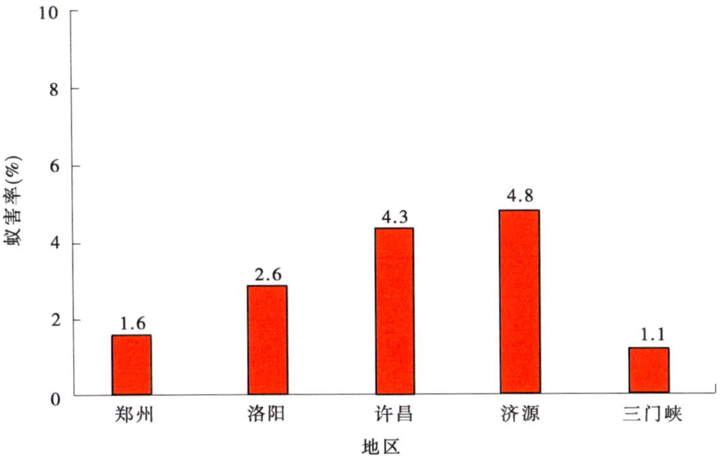

图 6-16　蚁情发生率 5% 以下地区

6.4　河南省水库大坝白蚁蚁情特点

(1)蚁情严重。

本次全省范围内的水库大坝白蚁蚁情调查,是河南省自中华人民共和国成立以来开展的第一次水利工程全方位白蚁蚁情摸底普查工作。根据调查结果统计,目前河南省 2 650 余座水库中已有近 1 400 座水库发现有白蚁活动的迹象,发生不同程度的白蚁危害,约占河南省水库数量的 50% 。这些水库大都地处长江流域与淮河流域,特别是豫南地区的信阳、驻马店、平顶山和南阳,小(1)型以上水库发生白蚁危害的概率均达 75% 以上,部分水库蚁害严重,达到严重危害级别,急需进行防治处理。

从开挖蚁巢中挖出的白蚁和其他地表特征来看,目前河南省水库发生蚁害的蚁种主要是黑翅土白蚁。这种白蚁在土中筑窝群居,整个过程都离不开土壤,对土石坝具有极强的穿透力,危害性最大。这种白蚁的主巢一般修筑在背水坡距坝面 2 m 以下,常水位浸润线以上,白蚁除在背水坡取食植被外,还可以通过地下蚁道,穿越水库到迎水坡取食枯枝落叶和浪渣,而当汛期水位上升时,水流便有可能进入隐藏在坝内的蚁道和巢腔内,造成散浸、管涌、跌窝和滑坡等险情,抢救不及时就会酿成灾难——崩堤垮坝。

由于白蚁修建巢穴对温度、湿度有严格的要求,此次白蚁调查过程中我们发现,白蚁喜欢在坝体浸润线附近筑巢繁衍,大坝浸润线附近白蚁活动猖獗。

调查结果显示，水库白蚁的总体分布多数呈疏密相间状分布，其疏密程度与水库环境条件、周边白蚁分飞蚁源、风向风力、库区灯光情况等有关。如在坝体适宜白蚁生存条件好的区间，相对密集；离分飞蚁源较近的地方，相对密集；库区中灯光出现集中、频繁的区域，相对密集。

由于白蚁的活动和危害非常隐蔽，而且生存时间长，初期往往不易被人察觉，一旦发现，已造成一定程度的破坏。再加上自身原因和思想观念未适时转变，防治资金的不足，致使河南省一些水库白蚁危害治理不及时或不彻底。白蚁危害的范围日益蔓延，水库大坝存在严重的安全隐患，水库防汛形势风险增大，也越来越紧张。

(2)蚁情蔓延。

在本次全省水库大坝白蚁普查中，新发生蚁情的地区是许昌、郑州、三门峡、洛阳、济源，这五个地区与河南省白蚁蚁情危害严重的驻马店、平顶山、洛阳接壤，山脉相连，存在发生蚁情的先天条件。在普查过程中了解到，这些地区的水库管理单位对白蚁相关普查防治技术还存在一定的不足，客观上制约了白蚁防治工作的开展。

黄河作为一条大河，是阻断白蚁北移的天然屏障，郑州、洛阳、三门峡这些地区紧靠黄河南岸，是防止白蚁越过黄河的最后一道防线。通过本次普查，摸清了目前这些地区白蚁蚁情发生的区域，要尽快进行防治和监控，严防白蚁大规模越过黄河，危害黄河以北地区。

(3)防治技术力量薄弱。

在本次普查过程中，还有一个突出问题是各地白蚁防治技术力量参差不齐，有相当一部分地区防治技术力量基本空白，这也与河南省的省情有关。在历史上河南省并非白蚁危害的重灾区，防治工作的开展相对我国其他地区较晚。在河南省范围内，南部较早发生白蚁危害的区域，部分水库管理单位有一定的防治技术力量，而其他地区的白蚁相关防治技术力量相对薄弱，部分水库管理单位甚至不清楚白蚁的外部形态，更别提地表迹象，这是相当危险的。因为白蚁的危害是隐蔽的，藏于坝体内部，一旦遇到水位上涨，进入蚁道，发生决堤垮坝的风险将大增，给下游群众和社会安全带来不可估量的危害与损失。

第 7 章　河南省水库大坝白蚁防治案例

根据 2017 年河南省水库大坝白蚁普查工作的结果，河南省针对各个水库大坝不同的坝型和危害程度，采取了多种治理方案。本章对白龟山水库、鲇鱼山水库、宿鸭湖水库、昭平台水库、泼河水库的白蚁治理工作进行了汇总，通过文字和大量的图片对治理情况进行阐述，为读者提供参考。

7.1　白龟山水库

白龟山水库位于淮河流域沙颍河水系沙河干流上，大坝位于平顶山市西南郊，距市中心 9 km。水库始建于 1958 年，1966 年 8 月竣工，水库容量 6.49 亿 m^3。上游有昭平台水库，下游有泥沙洼滞洪区，左临颍河上有白沙水库，是一座综合治理沙颍河的水利枢纽工程。下游为京广铁路干线，平顶山、漯河、周口三市及豫皖平原，位置至为重要。水库控制流域面积 2 740 km^2，其中昭平台、白龟山水库间流域面积 1 310 km^2，水库多年平均降水量 900 mm，多年平均径流量 4.23 亿 m^3。水库工程按百年一遇洪水设计，千年一遇洪水校核，1998 年 10 月进行了除险加固工程，达到两千年一遇洪水校核，总库容达到 9.22 亿 m^3，是一座以防洪为主，兼顾农业灌溉、工业和城市供水综合利用的大(2)型水库。

水库枢纽主要建筑物有拦河坝、顺河坝、北副坝、泄洪闸和南北干渠渠首闸。其中，拦河坝(主坝)为均质土坝，坝长 1.57 km，最大坝高 23.40 m，坝顶宽 7.00 m，迎水坡为混凝土块护坡，背水坡为块石护坡；顺河坝(副坝)坝长 21.10 km，最大坝高 16.30 m，坝顶宽 6.00 m，迎水坡为块石护坡(干砌)，背水坡为草皮护坡(见图 7-1)。

7.1.1　白蚁危害情况

2000 年 6～9 月，白龟山水库流域降水量为 1 180.3 mm，较多年平均值偏高 118%。库水位最高时达 103.36 m，最低时为 97.65 m(死水位 97.50 m)。

图 7-1　白龟山水库顺河坝背水坡

因暴雨强度大、历时长，水库工程多处遭遇险情，坝坡出现渗水、集中漏水、塌坑等现象，导渗沟水位多次向外漫溢，降压井附近多处坍塌。2000 年 7 月 4 日对坝段进行巡查时，在顺河坝段桩号 10 + 000 处发现塌坑一处，面积达 40 多平方米（见图 7-2）。由于当时正值大汛，库水位较高（102.77 m），降雨强度又比较大，不便开挖，因此只做了临时的紧急处理，并在邻近的另一小塌坑内挖出白色蚂蚁，其数量之多是非常罕见的。由于当时水库技术人员对白蚁不甚了解，对其形态谁也没有亲眼见过，再加上也没有这方面的资料和书籍。因此，水库便派技术人员将挖出的标本送往河南省水利厅工管处，请有关专家进行鉴定，确定为白蚁。

图 7-2　白龟山水库顺河坝段桩号 10 + 000 处出现的塌坑

7.1.2 白蚁档案管理

白龟山水库是河南省开展白蚁治理较早的大型水库。水库通过设置专门机构进行白蚁研究和防治,从专项经费到专人来保障白蚁治理工作的有序开展。设立了专门的白蚁防治档案管理室和白蚁标本展览室,对水库白蚁治理过程进行了全过程的记录,如图 7-3 ~ 图 7-6 所示。

白龟山水库建立了专门的白蚁防治档案管理室，将每年白蚁治理的资料进行汇总，统一管理。

图 7-3　白龟山水库白蚁防治档案管理室

图 7-4　在开挖过程中现场保存白蚁标本并记录详细的位置和蚁王蚁后的情况

(a) 蚁王蚁后标本

(b) 开挖的蚁巢标本

(c) 蚁道标本

(d) 蚁巢中王台的标本

图 7-5　白蚁标本

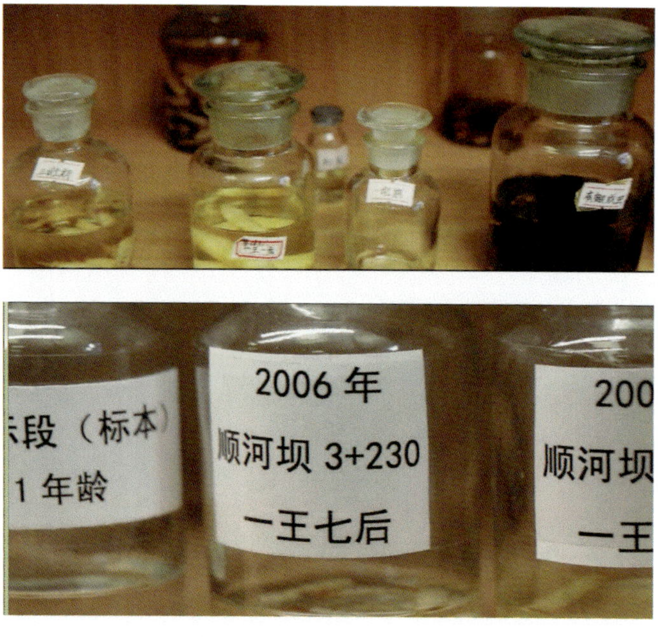

图 7-6　汇总现场收集的标本进行信息的补全并放入展览柜中

7.1.3 白蚁危害治理情况

自2000年7月发现白蚁以来,白龟山水库即对白蚁开始重视起来,从初识到认知,逐渐对白蚁的防治有了进一步的了解。截至2017年,一共对水库坝段进行了16次排查和开挖,共计开挖1 513个主巢,1 505对蚁王蚁后(见表7-1)。分别采用了挖巢法、无损探测法、白蚁监测站和药物防治方法对坝段进行治理。

表7-1　2000~2017年白龟山水库白蚁开挖统计

年度	总巢数	蚁王蚁后对数
2000	56	56
2001	175	175
2002	50	50
2003	7	7
2004	57	49
2005	56	56
2006	101	101
2007	254	254
2009	96	96
2010	68	68
2011	48	48
2013	34	34
2014	116	116
2015	81	81
2016	140	140
2017	174	174
合计	1 513	1 505

7.1.3.1 挖巢法

根据人工普查结果,结合现场的实际情况,找到蚁道,顺着蚁道开挖直至挖到蚁巢(见图7-7~图7-9)。在挖掘中要逐段探测跟挖,切记前低后高,避免土粒堵塞蚁道而迷失方向。在挖掘过程中,如发现近巢特征或见到主巢(王室菌圃),要迅速扩大挖面,将主巢周围深挖,切断蚁道,使主巢悬立其中,这样可以防止蚁王、蚁后搬迁逃跑。若未发现蚁王、蚁后,必须追赶直至捉到

图 7-7　白龟山水库顺河坝段 2001 年在坝顶附近坝坡开挖处理现场

图 7-8　13 + 230 坝段出现塌坑后开挖发现的蚁巢

图 7-9　追踪蚁道找寻蚁巢

蚁后，消灭残存白蚁，对蚁巢坑进行药物处理，并将开挖部位、气象条件、地表特征等情况记录在白蚁开挖治理表格中。

7.1.3.2 **无损探测法**

白龟山水库是河南省第一个将无损探测技术应用于堤坝白蚁防治工程中的水库。利用无损探测技术可以准确地定位蚁巢的分布，减少了由于开挖对坝体的二次破坏，不仅提高了工作效率，而且节省了资金，如图 7-10 所示。

河南省水利厅组织有关专家对无损探测项目进行验收，如图 7-11 所示。

高密度电阻率法测线布设

高密度电阻率法参数设置

高密度电阻率法结合探地雷达

开挖验证

图 7-10 应用无损探测技术定位蚁巢

图 7-11 河南省水利厅组织有关专家对无损探测项目进行验收

7.1.3.3 **白蚁监测站**

该方法是集监测、拦截、诱杀于一体的白蚁防治系统。采用地下蚁站，蚁站间距 4 m，内投艾氏环保型引诱饵剂产品，定期观察记录巡查情况，记录整理规范，发现问题及时向管理房汇报，如图 7-12 ~ 图 7-15 所示。

图 7-12　外方专家现场进行技术指导

图 7-13　蚁站定位及埋设

图 7-14　白蚁进入蚁站活动

河南省水利厅组织有关专家对白龟山白蚁监测站项目验收如图 7-16 所示。

7.1.3.4　药物防治

1. 毒土隔离带

在大坝背水坡与坝脚连接处用人工打孔，沿坝轴线方向每隔 0.5 m 打一个孔，然后垂直坝轴线方向与两孔中间间隔 1 m 再打一个孔，药孔呈梅花形布置，在坝脚块石排水带上方形成毒土隔离带，孔深 0.6 ~ 1 m，孔径 0.06 ~ 0.08 m，灌药浆至孔深 2/3 处后封闭孔口，保证药效。

图 7-15　投放灭杀白蚁药物

图 7-16　河南省水利厅组织有关专家对白龟山白蚁监测站项目验收

2. 毒土网幕

在坝体外坡浸润线以上的斜面上，用人工从上向下打孔，每孔行、列间距 1 m，孔深 0.6～1 m，孔径 0.06～0.08 m，灌药浆至孔深 2/3 处，一边打孔一边灌注药浆，以避免白蚁受惊吓而搬迁，药浆灌完后对孔进行封闭。

对坝下台地和导渗沟边坡的杂草和小树苗全线进行清除，再进行药物防治，每隔 0.5 m 打一个孔，然后在两孔中间垂直两孔连线方向间隔 1 m 再打一个孔,孔深0.6~1 m,孔径0.06~0.08 m,呈梅花形布置,一边打孔一边灌注药浆至孔深2/3处,药浆灌完后对梅花孔进行封闭。

3.药物的选取

(1)使用的白蚁防治药物必须取得农药登记证(登记范围包括白蚁防治)、农药生产许可证和农药生产批准文件、产品质量标准、产品质量检验合格证,高效低毒,对人畜无害,对环境无污染。本项目拟用药为15%浓度蚍虫啉乳油,施工时按生产厂家使用说明,稀释100~150倍(见图7-17),并视使用药物的持效期,采取二次或多次施药措施。

(2)堤坝白蚁防治使用有驱避作用,残效期比较长,不溶于水,不挥发或难溶于水、难挥发,且对人兽无害,对环境无污染的药物。

施药作业如图7-18所示。

图7-17　稀释药物

图7-18　施药作业

(3)灭治白蚁必须使用慢性无毒,无驱避作用,水溶性剂或粉剂,灭蚁药效适中,对人兽无害,对环境无污染的药物。

7.2　鲇鱼山水库

鲇鱼山水库位于淮河流域灌河上,控制流域面积924 km^2,总库容9.16亿m^3,是一座以防洪、灌溉为主,兼顾发电、养殖、供水等综合利用的大型水库(见图7-19)。水库于1976年建成,主要建筑物由主坝、27座副坝、溢洪道、泄洪洞、水库电站等组成。主坝长1 475.6 m,最大坝高38.5 m,副坝27座,总长3 908.5 m,最大坝高27 m,溢洪道最大泄量5 100 m^3/s。水电站总装机容量12 800 kW,年发电量2 400万kW·h;鲇鱼山灌区设计灌溉面积143万亩,灌溉商城、潢川、固始三县,受益人口110万人。

图 7-19　鲇鱼山水库大坝

鲇鱼山水库是淮委联合调度的四座大型水库之一，不仅承担着下游两座县城、30 多个乡镇以及宁西铁路、沪陕高速公路的防洪保护任务，还担负着史灌河和淮河干流的错峰任务。

7.2.1　白蚁危害情况

在 2017 年河南省水库大坝白蚁普查过程中发现，5#副坝坝体外坡有泥线、泥被 15 处，分飞孔 2 处；6#副坝坝体两边山头有巢穴多处，分飞孔 3 处；7#副坝坝外树林中有巢穴多处，分飞孔 3 处；9#、10#副坝两边梳理有巢穴多处，分飞孔多处；23#副坝坝体两边山头有巢穴多处，泥线、泥被、分飞孔多处；8#、4#、20#、21#、22#、24#副坝有巢穴多处，泥线、泥被多处（见图 7-20）。

7.2.2　白蚁危害治理情况

2017 年鲇鱼山水库根据普查结果并结合以“预防为主，防治结合，综合治理”的方针，对鲇鱼山水库主、副坝坝体及坝体周边 100 m 范围区域进行防治，主要包括人工挖巢、钻孔灌药、地表施药、埋放诱杀包、设毒土隔离沟措施。具体施工方法如下。

7.2.2.1　挖巢法

在坝体及周边 100 m 范围内，根据白蚁活动痕迹（包括泥被、泥线，分飞孔等）人工查找、翻挖，找到蚁路并追踪至副巢、主巢，取出巢内菌圃，清空巢腔后向主蚁路及巢腔内喷洒专业灭蚁药剂，杀灭残余白蚁个体后回填夯实，如图 7-21 所示。

图 7-20 **鲇鱼山水库白蚁地表活动迹象**

技术要求:在开挖过程中,须根据现场情况追踪蚁路,逐步彻底清除副巢、主巢,并向主蚁路及巢腔内施药,若开挖深度影响人员人身安全或遇障碍物,则应采取相应的规避措施,如向主蚁路灌药或投放诱杀包。

使用药物:吡虫啉 10%(或 15%)悬乳剂。

7.2.2.2 **钻孔灌药**

在坝体背水坡,以人工持钢钎自上向下钻孔灌药,使药液充分渗透至土壤内形成毒土网幕(见图 7-22),此法既能灭杀区域范围内的浅表层的幼龄巢,又能预防其繁殖蚁分飞及内部蚁路向坝体的蔓延扩张,达到防和治相结合的目的。

施工位置:坝体背水坡主体。

施工要求:以行距、列距按 1 m×1 m,深度 30 cm,孔径 2 cm 的规格呈梅

图 7-21　坝坡蚁巢开挖图

在坝段上选取钻孔点并进行标记

采用手持式钻孔机对标记的点进行钻孔

图 7-22　钻孔灌药

在指定的地点进行药物的堆放和配置

工人将配置好的药物灌入已经钻好的孔内

续图 7-22

花状布孔，使用药液灌注浸润，每孔灌药量不少于 2 L，分 2～3 次灌注即可。

使用药物及浓度：吡虫啉 10% 悬乳剂，浓度 0.4%。

7.2.2.3 地表施药

根据实际情况对水库坝区范围内凡是有白蚁活动及危害的地方，使用高效低毒的灭蚁药剂，因此药是一种慢性传染药物，如有少量白蚁中毒即可互相传染，使大批白蚁相继中毒死亡。

施工位置：水库主、副坝背水坡及周边 100 m 范围。

施工方法：采用人工用以喷雾器全面喷洒（见图 7-23），蚁害范围内无遗漏区域。

图 7-23 对坝段周围范围内进行表面喷洒药物防治白蚁出来觅食

使用药物及浓度：吡虫啉 10%（15%）悬乳剂，浓度 0.3%。

7.2.2.4 埋放诱杀包

在坝体及坝周根据蚁害密度，埋放不同数量的诱杀包，引诱白蚁前来取食并带毒回巢，相互传染，达到全巢灭杀的目的。

施工位置：水库坝体及坝周 100 m 范围内。

施工方法：在人工挖巢时因开挖深度影响人员人身安全或遇障碍物不可继续开挖的情况，直接埋放诱杀包（见图 7-24）。

在坝体及周边 100 m 范围内有白蚁危害的区域，用锄头刨挖深度为 15 cm 的坑穴，埋放堤坝白蚁诱杀包，数量视蚁害程度适量投放。

使用药物：堤坝白蚁诱杀包。

图 7-24　在白蚁活动比较密集的地方进行诱杀包的投放

7.2.2.5　毒土隔离沟

在水库坝体两端与山体结合部位，采取钻孔灌药与开挖沟槽喷洒药液分层夯实相结合的方式设置毒土隔离沟。计划范围内开挖一条沟槽并沿沟壁使用钻孔灌药方法后，再将土壤使用药物喷洒充分拌匀后分层向沟槽内回填，这样就会在坝体和山体间形成一条毒土隔离沟槽，既可灭杀防治区域内的现存白蚁，也能起到阻断坝体外的白蚁路向大坝蔓延扩张的作用，达到防和治的综合效果。

施工位置：坝体背水坡与两端山体连接部位。

施工要求：在上述部位各开挖一条规格为 30 cm（宽）×40 cm（深）的沟槽后，沿沟壁按 50 cm×50 cm 的排距人工打孔 30 cm 深，向孔内灌药后，将沟槽内的土壤使用药液充分拌匀后分层回填夯实（见图 7-25）。

使用药物及浓度：吡虫啉 10%（或 15%）悬乳剂，浓度 0.4%。

图 7-25　在坝体脊水坡与山体连接部位设置毒土隔离沟

7.3　宿鸭湖水库

宿鸭湖水库始建于 1958 年，位于河南省驻马店市汝南县城西 6 km 处，是一座以防洪为主，结合灌溉、发电、养殖、旅游等多种项目综合利用的大(1)型水枢纽利工程(见图 7-26)，属淮河流域大洪河支流汝河干流控制工程，控制流域面积 4 498 km^2，占汝河全流域面积 7 376 km^2 的 61%。水库大坝为均质土坝，全长 34.201 6 km，水库死水位 50.50 m(高程系统：废黄河口，以下同上)，兴利水位 53.00 m，汛限水位 52.50 m，校核水位 58.80 m，总库容为

16.38 亿 m^3，设计灌溉面积 80 万亩。水库历经六次除险加固，目前工程标准为 100 年一遇洪水设计，1 000 年一遇洪水校核。两座闸都为弧形钢闸门，合计最大泄量 8 318 m^3/s。该水库建成 50 多年来，保护着水库下游 300 万人口、370 万亩耕地的生命财产安全，产生了巨大的防洪效益和社会效益。

图 7-26　宿鸭湖水库坝体

7.3.1　白蚁危害情况

宿鸭湖水库大坝为均质土坝草皮护坡，非常适宜白蚁繁衍生长，同时驻马店也是河南省白蚁危害较严重的地区之一。宿鸭湖水库管理局分别于 2010 年和 2016 年先后两次对大坝桩号 1 +372、3 +800、10 +800、11 +300、15 +500、19 +300、25 +750、4 +300 ~ 4 +900、16 +300 ~ 16 +500 段进行白蚁治理。在 2017 年河南省水库大坝白蚁普查中，发现宿鸭湖水库大坝主体工程及管理范围内仍然有较为严重的白蚁危害，白蚁危害程度为重度危害。

7.3.2　白蚁危害治理情况

2017 年宿鸭湖水库根据普查结果对水库大坝及管理范围区域 0 +000 ~ 15 +000 段进行防治，该坝段平均坡长 18 m。主要包括钻孔灌药、地表施药、设毒土隔离沟、埋放诱杀包措施，具体的实施方案如下。

7.3.2.1　钻孔灌药

在坝体背水坡以人工持钢钎自上向下钻孔灌药，使药液充分渗透至土壤内形成毒土网幕，此法既能灭杀区域范围内的浅表层的幼龄巢，又能预防其繁殖蚁分飞及内部蚁路向坝体的蔓延扩张，达到防和治相结合的目的。

施工位置：坝体背水坡主坝体。

施工要求：以行距、列距按 1 m×3 m，深度 30 cm，孔径 2 cm 的规格呈梅花状布孔。使用药液灌注浸润，每孔灌药量不少于 2 L，分 2～3 次灌注即可（见图 7-27）。

呈梅花状布孔

配药

灌药

图 7-27　钻孔灌药

使用药物及浓度：吡虫啉 10%悬乳剂，浓度 0.4%。

7.3.2.2　**地表施药**

根据实际情况对水库坝区范围内凡是有白蚁活动及危害的地方，使用高效低毒的灭蚁药剂，因此药是一种慢性传染药物，如有少量白蚁中毒即可互相传染，使大批白蚁相继中毒死亡。

施工位置：水库该段大坝背水坡及 5 m 管理范围内。

施工方法：采用人工用喷雾器全面喷洒（见图 7-28），蚁害范围内无遗漏区域。

使用药物及浓度：吡虫啉 10%（15%）悬乳剂，浓度 0.3%。

7.3.2.3　**毒土隔离沟**

在水库坝体底端采取钻孔灌药与开挖沟槽喷洒药液分层夯实相结合的方

图 7-28　坝坡表面施药

式设置毒土隔离沟。计划范围内开挖一条沟槽并沿沟壁使用钻孔灌药方法后,再将土壤使用药物喷洒充分拌匀后分层向沟槽内回填,这样就会在坝体和下游土体间形成一条毒土隔离沟槽,既可灭杀防治区域内的现存白蚁,也能起到阻断坝体外的白蚁路向大坝蔓延扩张的作用,达到防和治的综合效果。

施工位置:0+000、3+000、6+000、9+500、12+000、15+000 等桩号位置的坝体背水坡部位。

施工要求:在上述部位各开挖一条规格为 30 cm(宽)×40 cm(深)×18 m(长)的沟槽后,沿沟壁按 50 cm×50 cm 的排距人工打孔 30 cm 深,向孔内灌药后,将沟槽内的土壤使用药液充分拌匀后分层回填夯实(见图 7-29)。

使用药物及浓度:吡虫啉 10%(或 15%)悬乳剂,浓度 0.4%。

7.3.2.4　埋放诱杀包

在坝体及坝周根据蚁害密度,埋放不同数量的诱杀包,引诱白蚁前来取食并带毒回巢,相互传染,达到全巢灭杀的目的。

施工位置:水库坝体及管理范围内。

施工方法:

图 7-29　毒土隔离沟施工

(1)在人工挖巢时因开挖深度影响人员人身安全或遇障碍物不可继续开挖的情况,直接埋放诱杀包。

(2)在大坝管理范围内有白蚁危害的区域,用锄头刨挖深度为 15 cm 的坑穴,埋放堤坝白蚁诱杀包(见图 7-30),包含坝体及坝脚 5 m 范围。

使用药物:堤坝白蚁诱杀包。

图 7-30　在白蚁活动频繁的地方投放诱杀包

7.4 昭平台水库

昭平台水库控制流域面积 1 430 km^2,总库容 6.85 亿 m^3,是沙河上游第一座大型水利骨干工程(见图 7-31)。水库防洪标准为:100 年一遇洪水设计,5 000 年一遇洪水校核。水库枢纽工程主要由主坝(拦河坝)、副坝(白土沟堵坝)、溢洪道、非常溢洪道、输水道等组成。

图 7-31 昭平台水库大坝

主坝,即拦河坝,坝型为黏土斜墙砂壳坝,坝顶高程 181.8 m,防浪墙顶高程 183.0 m,坝顶宽 7.0 m,最大坝高 35.5 m,坝顶长 2 315.0 m。上游坡坡率由顶向下为 1:2、1:2.5、1:3、1:3.5 四级,变坡点设有 2 m 宽戗台。下游坡坡率由顶向下为 1:1.667、1:2、1:2.5 三级,变坡点设有 2 m 宽戗台。

副坝,即白土沟堵坝,坝型为砾质土均质坝,坝轴线为拱形,轴线桩号 0 + 474.12 ~ 0 + 871.59 段为弧形,弧两端皆为直线。坝顶高程 181.8 m,防浪墙顶高程 183.0 m,坝顶宽 7.0 m,最大坝高 35.5 m,坝顶长 923 m。下游坡坡率由顶向下为 1:1.8、1:2.5、1:2.5 三级,在变坡点高程设 2 ~ 3 m 宽戗台。

7.4.1 白蚁危害情况

2011 年,在主坝 2 + 220 坝脚外 30 m 处,初次发现有白蚁活动迹象。2014 年 12 月 3 ~ 15 日,昭平台水库管理局组织人员进行了第一阶段的白蚁治理工作,在主副坝两端坝肩及接头外 100 m、主坝坝下降压沟以内,副坝坝脚外 100 m 范围,共计挖白蚁主巢穴 86 窝,抓蚁后进行撒药处理,且在主坝坝脚外 10 m 处挖 980 m 隔离带进行撒药隔离，工程管理人员进行了跟踪巡查。2015 年 10 月 21 ~26 日，再次组织人员进行了第二阶段的治理工作。在主副坝两端坝肩及接头外 100 m、主坝坝脚降压沟以内，副坝坝脚外 100 m 范围，共计挖白蚁主巢穴 25 窝，抓蚁后并进行撒药处理。2016 年，在主坝 1 +550 ~ 2 +025、坝脚外 10 ~30 m 范围内水杉林，发现多处白蚁活动迹象（见图 7-32、图 7-33）。2017 年 6 月，在主坝 1 +650 坝脚外 30 m 16 号降压井内，发现白蚁活体。

图 7-32　黑翅土白蚁的泥被

图 7-33　被白蚁啃食的树根

7.4.2　白蚁危害治理情况

针对单一挖巢、局部治理效果不明显的问题，2018 年 6 月昭平台水库按照“预防为主，防治结合，综合治理”的方针，对主坝（2 315 m）、副坝（923 m）背水坡及坝体周边 100 m 范围区域进行全面综合治理。

治理措施主要包括人工挖巢、钻孔灌药、地表施药、设毒土隔离沟、埋放诱杀包。具体实施方案如下。

7.4.2.1　**挖巢法**

在坝体及周边 100 m 范围内，根据白蚁活动痕迹（包括泥被、泥线，分飞孔等）人工查找、翻挖，找到蚁路并追踪至副巢、主巢（见图 7-34），取出巢内菌圃，清空巢腔后向主蚁路及巢腔内喷洒专业灭蚁药剂，杀灭残余白蚁个体后回填夯实。

技术要求：在开挖过程中，须根据现场情况追踪蚁路，逐步彻底清除副巢、主巢，并向主蚁路及巢腔内施药，若开挖深度影响人员人身安全或遇障碍物，

开挖的蚁巢

主坝3+012处开挖的蚁巢（直径80 cm,副巢28个（无王后））

副坝0+240段开挖的蚁巢（直径80 cm,深150 cm,副巢8个）

副坝0+560段开挖的蚁巢（直径70 cm,深120 cm,副巢28个）

图 7-34　在昭平台水库坝体开挖的蚁巢

则应采取相应的规避措施，如向主蚁路灌药或投放诱杀包。

使用药物：吡虫啉 10%（或 15%）悬乳剂。

7.4.2.2　**钻孔灌药**

在坝体背水坡，以人工持钢钎自上向下钻孔、灌药，使药液充分渗透至土壤内形成毒土网幕，此法既能灭杀区域范围内浅表层的幼龄巢，又能预防其繁殖蚁分飞及内部蚁路向坝体的蔓延扩张，达到防和治相结合的目的。

技术要求：以行距、列距按 1 m×1 m，深度 30 cm，孔径 2 cm 的规格呈梅花状布孔，使用药液灌注浸润（见图 7-35），每孔灌药量不少于 2 L，分 2～3 次灌注。

图 7-35　在坝体背水坡自上向下钻孔、灌药

使用药物及浓度：吡虫啉 10%悬乳剂，浓度 0.4%。

7.4.2.3　**地表施药**

根据实际情况对水库坝区范围内凡是有白蚁活动及危害的地方，使用高效低毒的灭蚁药剂，此药是一种慢性传染药物，若有少量白蚁中毒即可互相传染，使大批白蚁相继中毒死亡。

施工方法：采用人工用喷雾器全面喷洒（见图7-36），蚁害范围内无遗漏区域。

图7-36　在坝体周边进行药物喷洒防治白蚁危害

使用药物及浓度：吡虫啉10%（15%）悬乳剂，浓度0.3%。

7.4.2.4　毒土隔离沟

在水库坝体两端与山体结合部位，采取开挖沟槽、沟壁钻孔灌药、土壤喷洒药液、分层夯实回填的方式，设置毒土隔离沟。具体方法如下：先在计划范围内开挖一条沟槽，再沿沟壁钻孔灌药后，将土壤喷洒药物并充分拌匀后，向沟槽内分层回填夯实，这样就形成了一条毒土隔离沟槽。在坝体和山体间形成的毒土隔离沟槽，既可灭杀防治区域内的现存白蚁，又能阻断坝体外的白蚁路向大坝蔓延扩张，从而达到防和治的综合效果。

施工要求：在上述部位各开挖一条规格为30 cm（宽）×40 cm（深）的沟槽，沿沟壁按50 cm×50 cm的间距人工打孔30 cm深，并向孔内灌药，将土壤喷洒药物并充分拌匀后，向沟槽内分层回填夯实（见图7-37）。

采用钩机开挖沟槽

工人将配置好的药物对沟槽进行喷洒
将药物和土壤均匀拌和

人工分层回填并喷洒药物

图 7-37　毒土隔离沟施工

使用药物及浓度：吡虫啉 10%（或 15%）悬乳剂，浓度 0.4%。

7.4.2.5　埋放诱杀包

在坝体及坝周，根据蚁害密度，埋放不同数量的诱杀包，引诱白蚁前来取食,并带毒回巢、相互传染,达到全巢灭杀的目的。

施工方法:在坝体及周边 100 m 范围内有白蚁危害的区域,用锄头刨挖深度 15 cm 的坑穴,埋放堤坝白蚁诱杀包(见图 7-38),数量视蚁害程度适量投放。

使用药物:堤坝白蚁诱杀包。

图 7-38　在白蚁活动迹象附近埋设诱杀包

参 考 文 献

[1] 全国白蚁防治中心. 中国白蚁防治专业培训教程[M]. 北京:中国物价出版社,2004.

[2] 黄复生,中科院动物研究所. 中国动物志等翅目[M]. 北京:科学出版社,1997.

[3] 广东省昆虫研究所. 白蚁及其防治[M]. 北京:科学出版社,1979 .

[4] 林树青,宋晓刚,等. 中国白蚁防治专业培训教程[M]. 北京:中国物价出版社,2004:379-384.

[5] 李栋,饶绮珍,田伟金,等. 中国堤坝白蚁防治研究简史及现状[J]. 白蚁科技,1998,15(3):1-9,16.

[6] 黄复生,李桂祥,朱世模. 中国白蚁分类及生物学[M]. 西安:天则出版社,1989:316-476.

[7] 李桂祥,戴自荣,李栋. 中国白蚁与防治方法[M]. 北京:科学出版社,1989.

[8] 严国璋,李俊辉. 堤坝白蚁及其防治[M]. 湖北:科学技术出版社,2001.

[9] 李桂祥. 世界白蚁学研究概况[J]. 白蚁科技,1988,5(1):1-7.

[10] 李耀华. 白蚁研究[M]. 武汉:武汉大学出版社,1993:209-210.

[11] 林树青,高道蓉. 中国等翅目及其主要危害种类的治理[M]. 天津:天津科学出版社,1990:173-277.

[12] 吴建国,高道蓉,等. 江苏白蚁及其防治[M]. 南京:河海大学出版社,1999.

[13] 曹莉,赵瑞华,陈镜华,等. 白蚁防治技术[J]. 昆虫知识,2007,4(3):342-347 .

[14] 李小鹰,高道蓉,徐卫英. 美国的白蚁及其防治概况[J]. 白蚁科技,1998,15(1):1-17.

[15] 陈振耀,姚达长. 水利白蚁防治[M]. 广州:中山大学出版社,2011.

[16] 庞正平译. Susan C. Jones. 白蚁防治[J]. 白蚁防治,2004(4):48-51.

[17] 李参. 白蚁的蚁客[J]. 昆虫知识,1981(6):260-262.

[18] 范承献. 白蚁及其防治技术[J]. 农资科技,1996(4):15-17.

[19] 廖婷. 南宁市水库堤坝白蚁的发生与管理问题及其对策研究[D]. 广西大学,2014.

[20] 蒋建君,管殿胜. 堤坝白蚁防治技术探讨[J]. 江苏水利,2008(1):34,36.

[21] 汪智. 堤坝内黑翅土白蚁巢穴位置的确定[J]. 安徽水利水电职业技术学院学报,2008,8(4):48-50.

[22] 葛贻华,丁必然,陈铸尧,等. 水库堤坝囟土白蚁蚁后体长与巢积、巢深、群体数量之间的相关性研究[J]. 安徽农业大学学报,2008,35(1):141-144.

[23] 周维. 水库堤坝白蚁防治研究[D]. 安徽农业大学,2009.

[24] 刘源智,江涌,苏祥云,等. 中国白蚁生物学及防治[M]. 成都:成都科技大学出版社,

1998:1-2.
[25] 宋晓刚.我国堤坝白蚁治理研究现状及展望[C]//程家安,莫建初,毛伟光.城市害虫综合治理进展——全国第七届城市昆虫学术研讨会论文集.杭州:浙江大学出版社,2006.
[26] 刘源智,唐国清,潘演征,等.黑翅土白蚁(Odontotermes formosanus(Shiraki)蚁巢和蚁路长出的真菌指示物及其在防治上的意义[J].四川林业科技,1980(2):28-33.
[27] 马建华,郭建强,龚跃刚,等.湖州市水库堤坝白蚁危害调查与防治[J].浙江水利科技,2006(5):46-48,51.
[28] 李栋,赵元,饶绮珍,等.中国堤坝白蚁主要危害种类的分布及其巢居结构的特征[J].白蚁科技,1999,16(1):1-8.
[29] 李栋,田伟金,黎明,等.论白蚁管涌(漏)与水利管涌的区别和处理[J].昆虫学报,2004,47 (5):645-651 .
[30] 李栋,赵元,石锦样,等.黑翅土白蚁的分群孔与主巢方位的关系[J].昆虫学报,1983,26(1):30-35.
[31] 李栋,赵元,石锦样,等.水库土坝白蚁的预防初步试验[J].昆虫知识 1984(6):260-263.
[32] 蔡邦华,陈宁生,陈安国,等.长江大堤上黑土白蚁的地面活动与其巢位的关系[J].昆虫学报,1965,14(2):128-139.
[33] 蔡新辉,王传雷,严国璋,等.白蚁隐患探测仪的研制及应用实例[C]//程家安,莫建初,毛伟光.城市害虫综合治理进展——全国第七届城市昆虫学术研讨会论文集.杭州:浙江大学出版社,2006:42-48 .
[34] 莫建初,程家安.白蚁控制技术研究的一些进展[C]//胡萃,程家安.城市昆虫学研究进展——全国第六届城市昆虫学术讨论会论文集.杭州:浙江大学出版社,2001:246-253.
[35] Hilo K J. Forest entomology in China:a general[J]. Crop Protection,1982,1(3):59-367.
[36] 陈镈尧,杨润卿,邵土英.囟土白蚁蚁后卵巢管数量、蚁巢体积与蚁群中各蚁型数量的相关性[J].昆虫学报,1992,35(4):438-442.
[37] 陈镈尧,张之华,陈政.囟土白蚁蚁后体形与巢内群体发育及数量的关系[J].昆虫学报,1988,31(1):26-31.
[38] 田伟金,涂金良,杨悦屏.等. 堤坝白蚁防治教程[M].广州:中山大学出版社,2016.
[39] Pan Y Z,CIO K G,et al. Forest insect pests in Hunan Province,China and methods for their management:Impact of diseases and insect peas in tropical forests[C]//Proceedings of the IUFFRO Symposium,November 23-26 1993,Peachy,India:1996.
[40] 陈振耀,姚达长.水利白蚁防治[M].广州:中山大学出版社,2011.
[41] 戴自荣,陈振耀.白蚁防治教程[M].广州:中山大学出版社,2005.
[42] 陈亮.滁州市堤坝白蚁危害情况及防治方法[J].江淮水利科技,2006(3):25-26,46.

[43] 宋晓刚. 中国堤坝白蚁治理研究现状及展望[J]. 白蚁防治,2006(1):47-53.
[44] 刘向阳. 除险加固水库白蚁综合防治技术探讨[J]. 安徽农学通报,2009,15(4):37-39.
[45] Su N Y, Scheffrahu R H, Ban P M. Measuring termiticides[J]. Pestcontrol,1990,58(9):24,30,34,36.
[46] 张锁洪,管殿胜,罗新志,等. 浅谈黑翅土白蚁的分飞规律[J]. 江苏水利科技,1996(3):36-37.
[47] 葛贻华,丁必然,陈斌,等,水库堤坝囱土白蚁蚁后体长与巢积、巢深、群体数量之间相关性研究[J]. 安徽农业大学学报,2008,35(1):141-144.
[48] 黄复生,朱世模,平正明,等. 中国动物志:第十七卷昆虫纲等翅目[M]. 北京:科学出版社,2000.
[49] 徐兴新,吴晋,吴相安,等. 探地雷达探测堤坝白蚁巢研究[J]. 昆虫学报,1996,39(1):46-50.
[50] 张大羽,宋晓刚,程家安. 探测及防治白蚁技术的进展[J]. 白蚁科技,2000,17(1):23-26.
[51] 刘自力,黄雷,易俊骥,等. 氟铃脲纸片实地诱杀家白蚁试验[J]. 城市害虫防治,2005(4):44.
[52] 游文荪,高江林,王小春. 江西省赣抚大堤白蚁危害现状及防治对策[J]. 江西水利科技,2008.
[53] 詹祖仁. 灭蚁灵诱杀包防治桉树白蚁效果不佳原因浅析[J]. 林业科技开发,1997(6):55.
[54] 吴光荣. 白蚁危害房屋建筑的防治方法[J]. 林业科技开发,1997(4):49-50.
[55] 王跃,文平,孙国忠. 蓝桉栽培期白蚁防治试验初报[J]. 四川林业科技,1996,17(4):36-38.
[56] 李亮,晏学友,何艳萍. 防治白蚁危害桉树幼林的试验报告[J]. 云南林业科技,1993(1):57-60.
[57] 刘晓燕. 广州古树名木白蚁的发生与防治[J]. 昆虫天敌,1997,18(4):169-172.
[58] 全国白蚁防治中心. 中国白蚁防治专业培训教程[M]. 北京:中国物价出版社,2004.
[59] 蔡平,祝树德. 园林植物昆虫学[M]. 中国农业出版社,2003:257-258.
[60] 张锁洪,管殿胜,罗新志,等. 浅谈黑翅土白蚁的分飞规律[J]. 江苏水利科技,1996(3):36-37.
[61] 徐光余,杨爱农,翟田俊. 林区土栖白蚁分飞生物学观察及在防治实践中的作用[J]. 安徽农业科学,2008,36(3):1103-1105.
[62] 蒋建君,管殿胜. 堤坝白蚁防治技术探讨[J]. 江苏水利,2008(1):34-36.
[63] 刘阳. 除险加固水库白蚁综合防治技术探讨[J]. 安徽农学通报,2009,15(4):37-39.
[64] 钟平生,张颂声,李静美,等. 氟虫胺诱饵剂防治白蚁的药效试验[J]. 中国媒介生物

学及控制杂志,2005,16(2):110-111.
[65] 黄求应.黑翅土白蚁觅食行为学基础及诱杀系统的研究[D]武汉:华中农业大学,2006.
[66] 夏传国.国内外白蚁防制技术现状及发展趋势[J].中华卫生杀虫药械,2006,12(1):53-55.
[67] 范承献.白蚁及其防治技术[J].农资科技,1996(4):15-17.
[68] 江凯.雷达在路基检测中的应用研究[D].成都:西南交通大学
[69] 程冬保.国外白蚁防治技术综述[J].中国媒介生物学及控制杂志, 2004,15(2):156-158.
[70] 李栋,田伟金,黎明,等.白蚁的生态防治方法与技术[J].昆虫知识, 2001,38(5):380-382.
[71] 曾昭发,刘四新,王者江,等.探地雷达方法原理及应用[M].北京:科学出版社,2006.
[72] 张士鹏.高密度电法在水文地质和工程地质中的应用[J].水文地质工程,2002(5).
[73] 韩永琦,张守智.用VB编写高密度电法数据格式转换程序[J].检测与化探,2002(8):317-320.
[74] 彭汉桥,姚平.高密度电法与多波映像法在覆盖型岩溶勘察中的应用[J].湖南地质学报,2002(12):295-298.
[75] 杨湘生,等.高密度电法在湘西北岩溶石山区找水中的应用[J].湖南地质学报,2002(12):230-232.
[76] 王文龙,杨拴海,张慧玉,等.高密度电法在金矿找矿中的应用[J].黄金地质,2005,48(3):53-56.
[77] 刘晓东,张虎生,黄笑春,等.高密度电法在宜春市岩溶地质调查中的应用[J].中国地质灾害与防治学报,2001,13(1):72-75.
[78] 胡勘,赵贵民.高密度电法畸变成因浅析及畸变处理方法探讨[J].贵州地质,2002(5):256-259.
[79] 陈正山,张如旭.高密度电法在堤防探测上的应用[J].海河水利,2003(1):50-51.
[80] 张平松,李峰,吴荣新.二维电测深快速反演在高密度电法中的应用[J].西部探矿工程,2003(3):39-40.
[81] 杨润海,赵晋明,王彬,等.比值参数在高密度电法中的应用[J].地震研究,2001,26(2):197-200.
[82] 陈仲侯,王兴泰,杜世权.工程与环境检测教程[M].北京:地质出版社,1996.
[83] 武汉地院金属检测教研室.电法勘探教程[M].北京:地质出版社,1980.
[84] 何继善.电法勘探的发展和展望[J].地球物理报,1997,40(增):308-316.
[85] 杨新安,李怒放,李志华.路基检测新技术[M].北京:中国铁道出版社,2006.
[86] 何门贵,温永辉.高密度电阻率法二维反演在工程勘探中的应用[J].检测与化探,

2002,26(2):156-159.

[87] 刘铁,朱立新,曹哲明.高密度电法角域地形改正的改进及在隧道勘探中的应用[J].西部探矿工程,2003(10):97-100.

[88] 黄兰珍,等.点源场电阻率法二维地形改正的边界单元法[J].物化探计算技术,1986,8(3):201-207.

[89] 董浩斌,王传雷.高密度电法的发展与应用[J].地球前缘,2003,10(1):171-176.